计算机应用基础实训指导

主　编　林喜辉　黄国敏　陈永海

副主编　黄朝宇　赵龙海　李楚天
　　　　唐建华　郑日美　王　琴

主　审　包才华　朱新琰

电子工业出版社

Publishing House of Electronics Industry

北京·BEIJING

内 容 简 介

本书基于全国计算机等级考试一级考试大纲，并结合了职业院校对计算机基本知识应用技能掌握的要求，针对重要知识点进行详细的指导说明。本书分为 5 个项目，主要介绍了计算机基础知识、Windows 10 操作系统、WPS 文字的运用、WPS 表格的运用、WPS 演示的运用，并附有全国计算机等级考试一级 WPS Office 考试大纲（2018 年版）和模拟试题及参考答案。

图书在版编目（CIP）数据

计算机应用基础实训指导 / 林喜辉，黄国敏，陈永海主编. —北京：电子工业出版社，2021.3

ISBN 978-7-121-40777-2

Ⅰ．①计… Ⅱ．①林… ②黄… ③陈… Ⅲ．①电子计算机—高等学校—教材 Ⅳ．①TP3

中国版本图书馆 CIP 数据核字（2021）第 046424 号

责任编辑：关雅莉　　　文字编辑：王　炜
印　　　刷：三河市华成印务有限公司
装　　　订：三河市华成印务有限公司
出版发行：电子工业出版社
　　　　　北京市海淀区万寿路 173 信箱　邮编　100036
开　　本：787×1 092　1/16　印张：7.75　字数：198.4 千字
版　　次：2021 年 3 月第 1 版
印　　次：2021 年 3 月第 1 次印刷
定　　价：28.00 元

凡所购买电子工业出版社图书有缺损问题，请向购买书店调换。若书店售缺，请与本社发行部联系，联系及邮购电话：（010）88254888，88258888。

质量投诉请发邮件至 zlts@phei.com.cn，盗版侵权举报请发邮件至 dbqq@phei.com.cn。

本书咨询联系方式：（010）88254598，syx@phei.com.cn。

前　言

在信息技术飞速发展的背景下，如何提高学生的计算机应用能力，强化其利用计算机网络资源优化知识结构和技能水平的意识，成为培养高素质技能型人才过程中的重要命题。为适应高职教育和教学改革的现状，适应高职院校计算机应用基础课程教学的要求，我们编写了本书。

本书是《计算机应用基础》的配套实训指导教材。为增强读者的实践能力，顺利获取全国计算机等级考试一级证书，我们精心组织和编写了此书，对重要知识点进行详细的指导说明，尽量细化实验形式，引导读者掌握计算机的基本操作。同时，通过适当的习题练习，读者可以加深对理论知识的理解，有利于加强和提高实际操作能力，满足实际需要。本书文字简洁，可操作性强，便于读者入门和掌握。

本书分为 5 个项目，重点介绍计算机基础知识、Windows10 操作系统、WPS 文字的运用、WPS 表格的运用、WPS 演示的运用等内容，并附有全国计算机等级考试一级 WPS Office 考试大纲（2018 年版）和模拟试题及参考答案。

本书由林喜辉、黄国敏、陈永海担任主编，黄朝宇、赵龙海、李楚天、唐建华、郑日美、王琴担任副主编，黎荣振、唐斌耀、洪传滢、林玲兴、邓丽坤、唐云婷参与编写，包才华、朱新琰担任主审。在本书的编写过程中，我们得到了很多同行及专家的关心与支持，在此表示感谢，对书中存在的疏漏和不足之处，敬请广大读者批评指正。

目　　录

带※标识为选学内容。

项目 1　计算机基础知识

标准化试题

1. 现代计算机之所以能自动连续地进行数据处理，是因为进行了（　　）两项重要的改进。
   - A. 引入了 CPU 和内存储器的概念
   - B. 采用了半导体器件和机器语言
   - C. 采用了二进制和存储程序控制的概念
   - D. 采用了 ASCII 编码和高级语言

2. 以下最能准确反映计算机主要功能的表述是（　　）。
   - A. 计算机是一种信息处理机
   - B. 计算机可以进行数值计算和非数值计算
   - C. 计算机可以提高工作效率
   - D. 计算机可以实现人类的智能行为

3. 计算机与一般计算装置的本质区别是，它具有（1　），因为计算机采用了这种机制，所以能够（2　）。
   - （1）A. 大容量和高速度　　　　　　B. 自动控制功能
   - 　　　C. 程序控制功能　　　　　　　D. 存储程序和程序控制功能
   - （2）A. 高速运行　　　　　　　　　B. 正确运行
   - 　　　C. 自动运行　　　　　　　　　D. 进行逻辑思维

4. 有关计算机的描述，下面说法不正确的是（　　）。
   - A. 计算机是一种可进行高速操作的电子装置
   - B. 计算机是一种具有内部存储能力的电子装置
   - C. 计算机是一种可自动产生操作过程的电子装置
   - D. 计算机是一种由程序控制操作的电子装置

5. 现代计算机之所以能够按照人们的意图自动地进行操作，如连续进行数据处理，主要是因为（　　）。
   - A. 采用了开关电路　　　　　　　B. 采用了半导体器件
   - C. 具有存储程序控制　　　　　　D. 采用了二进制

6. 计算机内部采用（　　）进行运算。
   - A. 二进制　　　　B. 十进制　　　　C. 八进制　　　　D. 十六进制

7. 世界公认的第一台电子计算机 ENIAC 诞生于（1　）。有关 ENIAC，下面说法正确的是（2　），不正确的是（3　）。
   - （1）A. 1946 年　　　　　　　　　B. 1642 年
   - 　　　C. 1671 年　　　　　　　　　D. 19 世纪初
   - （2）A. ENIAC 的中文含义是"电子数字积分计算机"

  B．ENIAC 是由图灵等人研制成功的

  C．ENIAC 是在第二次世界大战初期问世的

  D．ENIAC 的体积太小了，所以它的功能有限

（3）A．世界上第一台电子计算机 ENIAC 首先实现了"存储程序"方案

  B．微型计算机的发展以微处理器技术为特征标志

  C．第三代计算机时期出现了操作系统

  D．冯·诺伊曼提出的计算机体系结构奠定了现代计算机的结构理论基础

8．下面有关计算机的描述，正确的是（ ）。

  A．所谓数字计算机，是指专用于处理数字信息的计算机

  B．所谓模拟计算机，是指处理用连续模拟量表示数据的计算机

  C．所谓大型计算机，是指处理大型事务的计算机

  D．所谓微型计算机，是指用于原子探测的计算机

9．计算机的 4 个发展阶段是以（ ）为依据进行划分的。

  A．计算机的应用领域   B．计算机的主要元器件

  C．计算机的运算速度   D．计算机的系统软件

10．对计算机结构采用二进制和存储程序控制的设计思想是由（ ）最先提出的。

  A．布尔   B．巴贝奇   C．图灵   D．冯·诺伊曼

11．从第一代电子计算机到第四代计算机的体系结构都是相同的，都由运算器、控制器、存储器以及输入和输出设备组成，称为（1 ）体系结构。目前通常使用的微型计算机属于（2 ）。

（1）A．艾伦·图灵   B．罗伯特·诺依斯

  C．比尔·盖茨   D．冯·诺伊曼

（2）A．特殊计算机   B．混合计算机

  C．数字计算机   D．模拟计算机

12．虽然现代的计算机功能非常强大，但它不可能（ ）。

  A．进行非数值运算   B．进行大量的逻辑运算

  C．取代人类的智能行为   D．对事件做出决策分析

13．一台计算机之所以有相当大的灵活性和通用性，能解决许多不同的问题，主要是因为（ ）。

  A．配备了各种功能强大的输入和输出设备

  B．能执行不同的程序，实现程序安排的不同操作功能

  C．硬件性能卓越，功能强大

  D．操作者的操作熟练

14．目前计算机能处理的数据对象是指（ ）。

  A．数字形式的信息

  B．程序、文字、数字、图像、声音等信息

  C．客观事物存在的所有形式

  D．程序及其有关的说明资料

15．微型计算机的发展主要以（ ）技术为特征标志。

  A．微处理器 B．操作系统 C．磁盘   D．内存

16．计算机内部采用二进制表示数是因为（ ）。

  A．二进制运算法则简单

    B. 二进制运算速度快

    C. 二进制运算在计算机电路上容易实现

    D. 二进制容易与八进制、十六进制转换

17. 第三代计算机时期出现了（   ）。

    A. 管理程序   B. 操作系统

    C. 汇编语言   D. 高级语言

18. 目前计算机已经发展到（   ）阶段。

    A. 智能计算机   B. 集成电路计算机

    C. 晶体管计算机   D. 大规模和超大规模集成电路计算机

19. 个人计算机属于（   ）。

    A. 小型计算机   B. 中型计算机

    C. 大型计算机   D. 微型计算机

20. 巨型计算机的主要特点是（1 ）。个人计算机属于（2 ）计算机。

    （1）A. 质量大   B. 体积大   C. 功能强   D. 耗电量大

    （2）A. 小巨型   B. 小型   C. 微型   D. 中型

21. 在下列各类计算机中，（   ）的精确度最高、功能最强。

    A. 微型   B. 小型   C. 大型   D. 巨型

22. 办公室自动化、人事工资管理系统是计算机的一大应用领域，按计算机的应用分类，它应属于（1 ）。用计算机控制人造卫星和导弹的发射，按计算机的应用分类，它应属于（2 ）。用计算机进行定理的自动证明、专家系统和智能机器人的研究，按计算机的应用分类，它应属于（3 ）。

    （1）A. 数据处理   B. 辅助设计   C. 实时控制   D. 科学计算

    （2）A. 科学计算   B. 实时控制   C. 辅助设计   D. 数据处理

    （3）A. 实时控制   B. 辅助设计   C. 人工智能   D. 科学计算

23. 采用计算机计算火箭、导弹和宇宙飞船的运行轨迹，按计算机的应用分类，它属于（   ）。

    A. 科学计算   B. 实时控制   C. 数据处理   D. 辅助设计

24. "CAD" 的含义是（   ）。"CAM" 的含义是（   ）。"CAI" 的含义是（   ）。

    A. 计算机科学计算   B. 计算机辅助制造

    C. 计算机辅助设计   D. 计算机辅助教学

25. 计算机自诞生以来，无论在性能、价格等方面都发生了巨大的变化，但是（   ）并没有发生多大的变化。

    A. 耗电量   B. 基本工作原理   C. 运算速度   D. 体积

26. 下列数据中，不可能是八进制数的是（   ）。

    A. 108   B. 101   C. 677   D. 256

27. 二进制数 1000000000 相当于十进制数 2 的（   ）次方。

    A. 8   B. 9   C. 10   D. 11

28. 有一个数值为 152，它与十六进制数 6A 相等，该数值是（1 ）。十进制数 109 转换成十六进制数为（2 ）。十六进制数 1A2B 转换成十进制数为（3 ）。

    （1）A. 二进制数   B. 八进制数   C. 十进制数   D. 十六进制数

    （2）A. 6D   B. 6C   C. 7D   D. 7B

    （3）A. 6688   B. 6699   C. 6690   D. 6680

29. 十进制数 92 转换为二进制数和十六进制数分别是（1　）。十进制数 168 转换成八进制数为（2　）。八进制数 127 转化为十进制数为（3　）。

    （1）A. 1011100 和 5C   B. 1101100 和 61

         C. 10101011 和 5D   D. 1011000 和 4F

    （2）A. 248   B. 250   C. 252   D. 256

    （3）A. 83   B. 85   C. 87   D. 89

30. 人们通常用十六进制而不用二进制书写计算机中的数，是因为（　　　）。

    A. 十六进制的书写比二进制的书写更方便

    B. 十六进制的运算规则比二进制的运算规则更简单

    C. 十六进制数表达的范围比二进制数的表达范围更大

    D. 计算机内部采用的是十六进制

31. 下列数中最大的数是（1　）。十进制数 56 转换成二进制数为（2　）。二进制数 1011011 转化为十进制数是（3　）。

    （1）A. $(227)_8$ B. $(1FF)_{16}$ C. $(1010001)_2$ D. $(1789)_{10}$

    （2）A. 111000   B. 111001   C. 111011   D. 111110

    （3）A. 88   B. 89   C. 90   D. 91

32. 以下算式中，相减结果得到十进制数为 0 的是（　　　）。

    A. $(55)_{10}-(101111)_2$ B. $(109)_{10}-(1101101)_2$

    C. $(45)_{10}-(101110)_2$ D. $(110)_{10}-(1101100)_2$

33. 设 A 为八进制数 126，B 为十六进制数 58，C 为十进制数 90，则正确的式子是（1　）。八进制数 127.36 转化为二进制数是（2　）。二进制数 110100 转化为八进制数是（3　）。

    （1）A. A<B<C   B. B<A<C   C. C<B<A   D. A>C>B

    （2）A. 1010111.011011   B. 1010111.01111

         C. 1011111.01111   D. 1010111.011101

    （3）A. 52   B. 54   C. 64   D. 65

34. 设 A 为八进制数 14，B 为十六进制数 25，则 A+B 为十进制数（1　）。十六进制数 67 转换成二进制数为（2　）。二进制数 111010011 转换成十六进制数为（3　）。

    （1）A. 39   B. 49   C. 47   D. 43

    （2）A. 1111110   B. 1101101   C. 1100111   D. 1101110

    （3）A. 331   B. 133   C. 3D1   D. 1D3

35. 在微型计算机中，应用最普遍的字符编码是（　　　）。

    A. 国标码   B. 补码   C. 反码   D. ASCII 码

36. 关于 ASCII 码的编码表示方法，正确的描述是（　　　）。

    A. 使用 8 位二进制，最右边一位是 1

    B. 使用 8 位二进制，最左边一位是 1

    C. 使用 8 位二进制，最右边一位是 0

    D. 使用 8 位二进制，最左边一位是 0

37. 在微型计算机中，字符比较就是比较它们的（　　　）。

    A. ASCII 码值   B. 输出码值   C. 输入码值   D. 大小写

38. ASCII 码是美国标准信息交换码的简称，在各国的计算机领域中被广泛采用。它给出了（　　　）。

    A．表示拼音文字的方法和标准化

    B．计算机通信信息交换的标准

    C．图形、文字的编码标准

    D．数字、英文、标点符号等的编码标准

39．ASCII 码是美国标准信息交换码的简称，实际上已成为各国的计算机通用的一种字符编码标准，因此（　　　）的说法是错误的。

    A．用 ASCII 编码的英文文档在所有的计算机上都可以处理

    B．用 ASCII 编码的数字可以进行算术四则运算

    C．用 ASCII 编码的数字都可以作为符号来处理

    D．用 ASCII 编码的标点符号与国标码的中文标点符号在计算机内的表示不同

40．按相应的 ASCII 码值来比较，以下字符码值大小排列正确的是（　　　）。

    A．大写英文字母>空格>数字>小写英文字母

    B．小写英文字母>大写英文字母>数字>空格

    C．空格>数字>大写英文字母>小写英文字母

    D．大写英文字母>小写英文字母>空格>数字

41．把英文大写字母"A"的 ASCII 码当作二进制数，转换为十进制数得到 65，那么将英文大写字母"E"的 ASCII 码转换为十进制数，其值是（　　　）。

    A．67   B．68   C．69   D．70

42．数字字符"5"的 ASCII 码为十进制数 53，数字字符"8"的 ASCII 码为十进制数（　　　）。

    A．57   B．58   C．59   D．56

43．英文大写字母"A"的 ASCII 码值用十进制数表示为 65，英文小写字母"a"的 ASCII 码值用十进制数表示是（　　　）。

    A．94   B．95   C．96   D．97

44．按对应的 ASCII 码值来比较，不正确的说法是（　　　）。

    A．"G"比"E"大   B．"f"比"Q"大

    C．逗号比空格大   D．"H"比"h"大

45．下列字符中，ASCII 码值最大的是（1　），ASCII 码值最小的是（2　）。

    （1）A．R   B．B   C．8   D．空格

    （2）A．a   B．A   C．Z   D．x

46．在计算机内部用机内码而不是用国标码表示汉字的原因是（　　　）。

    A．有些汉字的国标码不唯一，而机内码唯一

    B．在有些情况下，国标码会造成误解

    C．机内码比国标码容易表示

    D．国标码是国家标准，而机内码是国际标准

47．在微型计算机存储一个汉字机内码的两字节中，每个汉字的最高位是（1　），这种汉字编码可按照（2　）来编码。

    （1）A．1 和 1   B．1 和 0

         C．0 和 1   D．0 和 0

    （2）A．二进制码   B．国标码

         C．ASCII 码   D．区位码

48．在微型计算机的汉字系统中，一个汉字内码占（1　）字节。一个 32×32 汉字字形码占用

的字节数是（2　）。从键盘上向计算机输入的数据一定是（3　）。

  （1）A．1　　　　　B．2　　　　　C．3　　　　　D．4

  （2）A．72　　　　B．128　　　　C．256　　　　D．512

  （3）A．二进制数编码　　　　　　　B．英文字母编码

    C．字符编码　　　　　　　　　D．BCD 码

49．计算机中最小的数据单位是（　　　），用来表示存储空间大小的基本容量单位是（　　　），计算机在同一时间内能处理的一组二进制数称为一个计算机的（　　　）。

  A．字（Word）　　B．字节（Byte）　　C．位（bit）　　D．千字节（KB）

50．汉字输入时采用（　　　），存储或处理汉字时采用（　　　），输出汉字时采用（　　　）。

  A．输入码　　　　B．机内码　　　　C．字形码　　　　D．国标码

51．24×24 点阵字形码用（　　　）字节存储一个汉字字形的数字化信息。

  A．128　　　　　B．32　　　　　C．288　　　　　D．72

52．在微型计算机中，应用最普遍的英文字符编码是（1　）；我国内地汉字字符编码是（2　）。

  （1）A．BSC 码　　B．ASCII 码　　C．汉字编码　　D．反码

  （2）A．GB2312　　B．BSC 码　　　C．ASCII 码　　D．汉字编码

53．在微型计算机汉字系统中，GB2312 用（1　）位二进制表示 1 个符号；而微型计算机汉字系统的机内码的两字节中，每字节的最高位分别是（2　）。

  （1）A．8　　　　　B．16　　　　　C．4　　　　　D．7

  （2）A．1 和 1　　B．1 和 0　　　C．0 和 1　　　D．0 和 0

54．输入汉字时，计算机的输入法软件按照（1　）将输入编码转换成机内码；存储和处理汉字时，采用的是（2　）。

  （1）A．字形码　　B．国标码　　　C．区位码　　　D．输入码

  （2）A．字形码　　B．国标码　　　C．机内码　　　D．输入码

55．汉字字库或汉字字模简称（1　）；若汉字固化在 ROM 或 EPROM 中，则称为（2　）字库。

  （1）A．汉字库　　B．软库　　　　C．硬库　　　　D．字典

  （2）A．固定　　　B．硬　　　　　C．规范　　　　D．软

56．汉字字模是汉字的（1　）；标准汉字库的容量取决于（2　）的大小。

  （1）A．ASCII 码　B．机内码　　　C．点阵字形信息　D．国标码

  （2）A．汉字的字模　　　　　　　　B．字模点阵

    C．汉字笔画数量　　　　　　　D．以上都不是

57．显示或打印输出汉字时，其文字质量与（　　　）有关。

  A．显示屏的大小　　　　　　　　B．打印机的大小

  C．计算机的功率　　　　　　　　D．汉字的点阵类型

58．汉字信息处理过程分为汉字（　　　）、信息加工处理和输出 3 个阶段。

  A．输入　　　　B．加工处理　　　C．打印　　　　D．输出

59．在"半角"方式下，显示一个 ASCII 字符要占用（1　）个汉字的显示位置。在"全角"方式下，显示一个 ASCII 字符要占用（2　）个汉字的显示位置。

  （1）A．半　　　　B．2　　　　　C．3　　　　　D．1

  （2）A．半　　　　B．2　　　　　C．3　　　　　D．1

60．PC 的每个驱动器都有一个标志符。第一个硬盘驱动器一般命名为（　　　）。

A．C：　　　　　B．A：　　　　　C．D：　　　　　D．E：

61．CPU 与内存的数据交换以（　　）为单位。

A．字节　　　　　B．汉字　　　　　C．字长　　　　　D．二进制位

62．在编辑某个文件时，突然断电，则计算机（　　）中的信息将全部丢失，再次通电后也不能恢复。

A．硬盘　　　　　B．ROM　　　　　C．RAM　　　　　D．ROM 和 RAM

63．计算机中的位和字节用英文表示分别为（1　）。计算机中存储信息的最小单位是二进制的（2　），存储器容量的基本单位是（3　）。

（1）A．bit，Byte　　　　　　　B．Byte，Word

　　C．Unit，bit　　　　　　　D．Word，Unit

（2）A．字节　　　B．Byte　　　C．字　　　　　D．bit

（3）A．位　　　　B．字节　　　C．字　　　　　D．bit

64．1MB 可容纳（1　）或（2　）个 ASCII 码字符。

（1）A．512×1024 个英文字符　　　B．512×1024 个汉字

　　C．1024×1024 个汉字　　　　　D．1000×1024 个英文字符

（2）A．1000×1024　　　　　　　B．1000×1024

　　C．1024×1024　　　　　　　D．512×1024

65．高速缓冲存储器是一种速度较快的（1　），它一般被放置在内存和（2　）之间。

（1）A．只读存储器　　　　　　B．外部存储器

　　C．随机存储器　　　　　　D．磁盘存储器

（2）A．外存　　　B．CPU　　　C．数据总线　　　D．控制总线

66．高速缓冲存储器的英文是（1　），586 以上的微型计算机普遍配置高速缓存是为了解决（2　）。

（1）A．RAM　　　B．Cache　　　C．ROM　　　　D．VRAM

（2）A．CPU 与内存储器之间速度不匹配的问题，降低 CPU 的成本和提高存取速度

　　B．CPU 与外存储器之间速度不匹配的问题

　　C．内存储器与外存储器之间速度不匹配的问题

　　D．主机与外部设备之间速度不匹配的问题

67．关于 Cache（高速缓冲存储器）解决 CPU 与内存之间速度不匹配的问题，以下说法正确的是（　　）。

A．计算机运行时将内存的部分内容复制到 Cache 中。CPU 读/写数据时首先访问 Cache，当 Cache 没有所需的数据时，CPU 才去访问内存

B．用 Cache 来降低 CPU 的速度使之与内存速度相匹配

C．用 Cache 来完全替代速度较慢的内存，用户只需要购买 Cache 即可

D．CPU 从内存读出数据，再把数据放到 Cache 中，内存的存取速度就会大大提高

68．下列说法中，（　　）是正确的。

A．键盘、显示器、打印机和软盘等放置在主机箱外部的设备是外部设备

B．CPU、RAM、ROM、CMOS 及硬盘都被安装在主机箱内，是内存储器

C．键盘是常用的输入设备，它只能用来输入字母、数字、标点符号及运算符号

D．CMOS 是一种特殊的存储器，用来存放计算机的一些主要参数

69．在下列 4 种计算机的存储器中，易失性存储器是（1　），用来存放系统配置信息的存储

器是（2　）。

    （1）A．RAM　　　　B．ROM　　　　　C．PROM　　　　　D．CD-ROM

    （2）A．DRAM　　B．SRAM　　　　C．CMOS RAM　　D．SHADOW RAM

70．微型计算机所用 CPU 的速度越来越快，一方面将导致（1　），另一方面由于内存的速度提高较慢，使得 CPU 与内存交换数据时不得不等待，影响了整机性能的提高。目前，解决这个问题的办法之一是引入存取速度与 CPU 差不多的（2　）技术。

    （1）A．人机界面更不友善　　　　　　B．存储器与输入和输出设备的速度配不上

        C．计算机系统结构随之改变　　　D．程序控制工作原理不再起作用

    （2）A．ROM　　　　B．Cache　　　　C．CD-ROM　　　　D．VRAM

71．键盘输入技术对输入者提出了正确的指法要求，即除拇指外的 8 个手指应放在基准键的位置上，这 8 个基准键是（　　　）。

    A．SDFG，HJKL　　　　　　　　B．QWER，UIOP

    C．ASDF，JKLM　　　　　　　　D．ASDF，JKL

72．有些键盘的键面上刻有两个字符，这种键称为双挡键，若先按住（　　　）键再按双挡键，则输入了其上方的字符。

    A．Esc　　　　　B．Enter　　　　　C．Shift　　　　　D．Caps Lock

73．微型计算机使用键盘中的 Ctrl 键称为（1　），它（2　）其他键配合使用。

    （1）A．换挡键　　B．控制键　　　　C．Enter 键　　　D．强行退出键

    （2）A．总要与　　B．不需要与　　　C．有时与　　　D．必须和 Alt 键一起再与

74．在键盘上全部不能单独使用的控制键有（1　）。在微型计算机的键盘上有 4 个"双态键"（或称为开关键），它们是（2　）。

    （1）A．Caps Lock 和 Alt　　　　　　B．Caps Lock、Shift 和 Alt

        C．Shift、Alt 和 Ctrl　　　　　　D．Pause/Break、Shift 和 Alt

    （2）A．Ins、Caps Lock、Num Lock 和 Enter

        B．Ins、Caps Lock、Num Lock 和 Scroll Lock

        C．Ctrl、Alt、Shift 和 Backspace

        D．Ctrl、Alt、Shift 和 Enter

75．按 Num Lock 键后键盘上的灯亮起，编辑/数字键的作用是（　　　）。

    A．输入数字　　B．翻页　　　　　C．光标移动　　　D．以上 3 项都可完成

76．键盘上的屏幕打印键可打印显示在屏幕上的全部信息，它是（1　）键。当该键与（2　）键组合起来使用时，可将屏幕上当前活动窗口中的全部信息以图片的形式复制到剪贴板上。

    （1）A．Back Space　　　　　　　　B．Print Screen

        C．Pause/Break　　　　　　　　D．Insert

    （2）A．Ctrl　　　　　　　　　　　B．Ctrl+Alt

        C．Shift　　　　　　　　　　　D．Alt

77．微型计算机中使用的鼠标器一般是通过（　　　）与主机相连接的。

    A．并行接口　　B．串行接口　　　C．显示器接口　　D．打印机接口

78．关于磁盘，以下说法（1　）不正确。将软盘、U 盘设置为写保护后，对它（2　）。

    （1）A．软盘与软盘驱动器是分离的

        B．硬盘与硬盘驱动器是密封组装在一起的

        C．不能像更换软盘那样更换硬盘驱动器中的硬盘片

D. 硬盘的容量远大于软盘，因此存取时间比软盘长

（2）A. 既能读又能写数据 　　　　B. 只能写不能读数据

C. 只能读不能写数据 　　　　D. 不起任何作用

79．突然断电后，存于软盘和硬盘中的数据（1　）。但是对于一张存储了数据的软磁盘，若将该盘（2　），则其中的数据可能会丢失。

（1）A. 不丢失 　　B. 完全丢失 　　　C. 少量丢失 　　　D. 大部分丢失

（2）A. 放置在声音嘈杂的环境中若干天后

B. 携带通过海关的 X 射线监视仪后

C. 携带到强磁场附近

D. 与大量磁盘堆放在一起后

80．"快速格式化"磁盘时，对被格式化磁盘的要求是（　　　）。

A. 没有感染病毒的磁盘 　　　　B. 从未格式化过的磁盘

C. 以前曾格式化过的磁盘 　　　　D. 没有坏磁道的磁盘

81．硬盘驱动器通过（1　）与主机相连。硬盘驱动器内一般含有（2　）硬盘片，安装在同一个主轴上。硬盘驱动器的硬盘片（3　）。

（1）A. 显示卡 　　　　　　　　B. 软驱控制卡

C. 并行口控制卡 　　　　　　D. 硬驱控制卡

（2）A. 1 张 　　　B. 几张 　　　　C. 0 张 　　　　D. 无数张

（3）A. 可以取出来，但不能更换 　　B. 当其 0 磁道不正常时可以取出来更换

C. 可以取出来更换 　　　　　　D. 不能更换

82．硬盘连同驱动器是一种（　　　）。

A. 内存储器 　　B. 外存储器 　　C. 只读存储器 　　D. 半导体存储器

83．当越来越多的文件在磁盘的物理空间上呈现不连续状态时，对磁盘进行整理一般可以用（　　　）。

A. 磁盘格式化程序 　　　　　　B. 系统资源监视程序

C. 磁盘文件备份程序 　　　　　D. 磁盘碎片整理程序

84．DVD-ROM 光盘驱动器的 1 倍速的速率是（1　）。目前单面 DVD-ROW 的容量为（2　）。

（1）A. 150KB/s 　B. 1024KB/s 　C. 1358KB/s 　　D. 2048KB/s

（2）A. 645MB 　B. 1.3GB 　　C. 2.6GB 　　　D. 4.7GB

85．把内存中的数据传送到计算机的硬盘等外存上的过程称为（　　　）。

A. 读盘 　　　　B. 写盘 　　　　C. 输入 　　　　D. 显示

86．用户刚输入的信息在保存之前，存放在（1　）中，为防止断电后信息丢失，应在关机前将信息保存到（2　）中。

（1）A. ROM 　　B. CD-ROM 　C. RAM 　　　D. 磁盘

（2）A. ROM 　　B. RAM 　　C. CD-ROM 　　D. 磁盘等外存中

87．硬盘、光盘、U 盘、移动硬盘等称为外部存储器，是因为（1　），外部存储器（2　）。

（1）A. 它可以装在计算机主机箱之外

B. CPU 要通过 RAM 才能存取其中的信息

C. 它不是 CPU 的一部分

D. 它们可以取出到其他计算机上使用

（2）A. 只能作为输出设备 　　　　B. 既可作为输出设备又可作为输入设备

  C．只能作为输入设备   D．只能存放本计算机系统以外的数据

88．光盘的存取速度跟硬盘比（1 ）。硬盘和软盘的一个主要区别是（2 ）。

 （1）A．无法比较   B．一样快

   C．慢   D．差不多

 （2）A．硬盘在微型计算机开机后一直高速运转，软盘只有在进行存取操作时才运转

   B．软盘只有在进行存取操作时才运转，硬盘也只有在进行存取操作时才运转

   C．软盘在微型计算机开机后一直高速运转，硬盘只有在进行存取操作时才运转

   D．硬盘是内存储器，软盘是外存储器

89．光盘是用（1 ）制成的，关于计算机使用的光盘，以下说法（2 ）是错误的。

 （1）A．塑料   B．铝合金   C．金属材料   D．磁性材料

 （2）A．有些光盘只能读不能写

   B．有些光盘可读可写

   C．使用光盘必须有自己的光盘驱动器

   D．光盘是一种外存储器，它完全依靠盘表面磁性物质来记录数据

90．"倍速"是光盘驱动器的一个重要指标，它指的是数据传输速率，1 倍速的传输速率是（1 ），光驱倍速单位 B/s 的含义是（2 ），光驱的倍速越大（3 ）。

 （1）A．150KB/s   B．1024KB/s

   C．1KB/s   D．100KB/s

 （2）A．Bp 的复数   B．Bits per second

   C．Byte per second   D．Batchs per second

 （3）A．数据传输越快   B．纠错能力越差

   C．所能读取光盘的容量越大 D．数据传输越慢

91．CD-ROM 属于（1 ）媒体，CD-ROM 中的数据需调入（2 ）中，CPU 才能使用。

 （1）A．感觉 B．表示   C．存储   D．表现

 （2）A．硬盘系统 B．软盘系统 C．RAM   D．ROM

92．CD-ROM 光盘的磁道是（1 ）形的，光盘空白区域或平坦无转折处代表（2 ），而凹坑边缘转折处表示（3 ）。

 （1）A．同心圆 B．螺旋   C．扇   D．柱

 （2）A．True B．二进制数 1 C．二进制数 0 D．False

 （3）A．True B．二进制数 1 C．二进制数 0 D．False

93．为了确保数据安全，对于光盘和软盘，当其驱动器上的指示灯亮时（1 ）。另外，当光驱中的光盘不用时，（2 ）。

 （1）A．两者都不可从驱动器中取出盘片

   B．软盘可从驱动器中取出

   C．光盘可从驱动器中取出

   D．两者都可从驱动器中取出盘片

 （2）A．没必要将其取出，因为那样做对计算机系统的软件和硬件都不会造成损伤

   B．应将光盘取出，不然光盘内容会被改写

   C．应将光盘取出，不然光驱和光盘都会发霉

   D．应将光盘取出，不然光驱一直高速旋转处于待命状态，会对光驱造成磨损

94．在 Windows 2000 及以上的版本中，U 盘是即插即用的，使用完毕后要先（1 ）再拔下

U盘，否则可能造成数据丢失。U盘上的文件或文件夹被删除后（2 ）从回收站恢复。

  （1）A．关闭我的电脑

      B．关闭资源管理器

      C．在 Windows 桌面状态栏处单击 U 盘图标，在弹出菜单中确认停止 U 盘的使用

      D．退出所有的应用程序

  （2）A．都可以   B．文件夹可以，文件不可以

      C．文件可以，文件夹不可以   D．都不可以

95．移动硬盘采用（1 ）技术，它适用于复制海量数据的场合，目前，移动硬盘的存储容量一般（2 ）。

  （1）A．固定硬盘   B．半导体

      C．光盘   D．软盘

  （2）A．在 360KB～2MB 之间   B．大于 60GB

      C．在 16MB～1GB 之间   D．小于 1MB

96．光盘驱动器通过激光束读取光盘上的数据时，光学头与光盘（ ）。

  A．直接接触   B．不直接接触

  C．播放 VCD 时接触   D．有时接触，有时不接触

97．按工作原理来分类，打印机可分为（ ）打印机。

  A．点阵式和喷墨式   B．击打式和非击打式

  C．针式和激光式   D．24 针和 16 针

98．常用的打印设备有激光、针式和（1 ）打印机等，其中打印质量最好、速度快、噪声小的是（2 ）打印机。针式打印机属于（3 ）打印机，即打印时必须逐行传送和接收数据。24 针打印机中的 24 指的是（4 ）。激光打印机（5 ）来打印。

  （1）A．传真   B．喷墨   C．彩色   D．黑白

  （2）A．喷墨   B．24 针针式   C．16 针针式   D．激光式

  （3）A．行式   B．列式   C．传送式   D．页式

  （4）A．24×24 点阵   B．信号线有 48 条

      C．打印头内有 24 根针   D．打印头内有 24×24 根针

  （5）A．只能使用标准的 16K 打印纸

      B．只能使用单页打印纸，不能使用连续纸

      C．不能使用复印纸

      D．可以很方便地使用 A4 大小的连续纸

99．关于打印机错误的叙述是（1 ）。打印机不能打印文档的原因不可能是（2 ）。

  （1）A．打印机既可打印字符和表格，也可打印图形

      B．通常的彩色打印机有 16 种颜色

      C．打印机是计算机系统 I/O 设备中的一种

      D．目前市场上有集传真、打印和复印于一体的打印机出售

  （2）A．没有经过打印预览查看   B．没有安装打印驱动程序

      C．没有打开打印机的电源   D．没有连接打印机

100．并行打印机与微型计算机连接时，其信号线插头应插在（ ）上。

  A．扩展插口   B．串行插口   C．并行插口   D．串并行插口

实训操作题

实训一　中英文输入练习

键盘是一种字符输入设备，是用户与计算机之间的接口。键盘的主要功能是向计算机输入英文字母、数字、标点符号和一些基本图形，以及通过编码的方式向计算机输入汉字。初学者可以通过打字软件来训练键盘的输入技能。

1．任务描述

小王是某职业学院的一年级学生，首次使用"金山打字通"软件，她想测试自己的中英文打字速度，以方便与日后的测试速度进行对比。

2．技术分析

完成本任务需要掌握正确的指法，熟悉键盘键位并掌握常用打字软件的使用，提高中英文输入速度。

基准键共有 8 个，即"A""S""D""F""J""K""L"";"，其中"F"和"J"这两个键上有突出来的横线，不用看键盘也能找到。输入数据时将左手食指放在"F"键上，右手食指放在"J"键上，其余手指依次放好，大拇指放在空格键上。

3．任务实现

（1）开始打字之前一定要端正坐姿，这是提高打字速度的前提。

正确的坐姿如下：

①身体保持端正，两脚平放；

② 两臂自然下垂，两肘贴于腋边。身体与打字桌的距离为 20～30 厘米。

（2）启动计算机，在桌面上用鼠标双击"金山打字通"的快捷图标，出现如图 1.1.1 所示的主界面。

图 1.1.1　"金山打字通"主界面

（3）在主界面上，用鼠标单击"新手入门"图标，选择"字母键位"选项进行练习，如图 1.1.2 所示。

图 1.1.2 "字母键位"界面

（4）用鼠标单击"英文打字"中的"文章练习"图标，选择"文章练习"选项进行练习，并在"课程选择"中选择相应的测试内容。在"限时"设置中选择相应的测试时间，开始进行英文打字速度测试。如图 1.1.3 所示，测试完毕，可记录相应的测试速度。

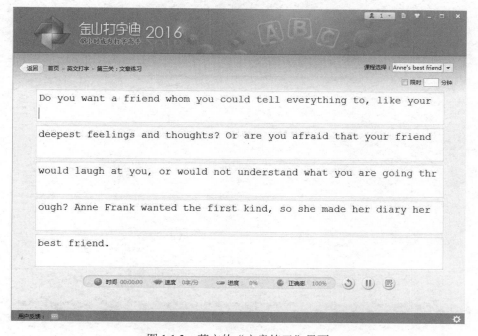

图 1.1.3 英文的"文章练习"界面

（5）用鼠标单击"中文打字"中的"文章练习"图标，选择"文章练习"选项进行练习。在"课程选择"中选择相应的测试内容，并在"限时"设置中选择相应的测试时间，开始进行中文打字速度的测试。如图 1.1.4 所示，测试完毕，可记录相应的测试速度。

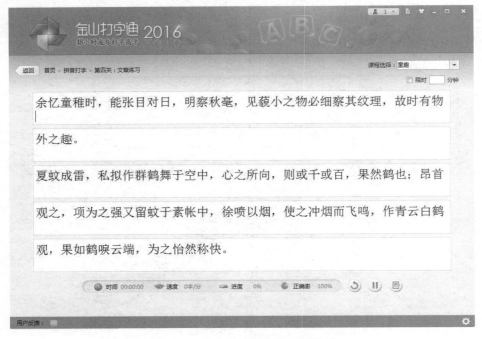

图 1.1.4　中文的"文章练习"界面

（6）对五笔打字感兴趣的用户可自行学习，如图 1.1.5 所示。

图 1.1.5　"五笔打字"界面

键盘练习需要经过一段时间的专门训练，不可能通过一次练习就能够达到要求。因此，只有平时加强练习，才能真正掌握键盘操作的要领，从而提高打字速度。

实训二   IE浏览器的设置与应用

1．任务描述

北海职业学院的小李是 2020 级的学生，在"大学生职业发展与就业指导"课程中，老师要求将北海职业学院的 Logo 图片插入电子文档的左上角。小李考虑该网页自己会经常使用，于是尝试将它设置为主页并收藏。

2．技术分析

学会使用 IE 浏览器打开北海职业学院网页，并掌握设置主页及收藏等相关操作。

3．任务实现

（1）在地址栏中输入 http://www.bhzyxy.net ，如图 1.2.1 所示。

图 1.2.1   北海职业学院网站

（2）在北海职业学院网站（任意页面）的左上角，右键单击选择"图片另存为"选项，然后按提示以文件名 logon.png 保存到计算机桌面即可。

（3）在北海职业学院网站首页，在"Internet 选项"对话框中将"http://www.bhzyxy.net"设为主页。

（4）在北海职业学院网站首页，单击收藏夹图标，将"北海职业学院官网"首页加入收藏夹。

实训三   电子邮件的收发

电子邮件是 Internet 上最早的一个服务，没有纸质信件的缺点，几乎瞬间就可以和地球上任何一个角落的人通信。电子邮件已是一个必不可少、商务交流的工具。

电子邮箱的格式为账号名+@+服务器名称。字符@读"at",也就是"在"的意思。账号名可自由命名,如 zhangwujun;服务器名称就是提供邮件服务的服务器域名,如 sina.com。一个完整邮箱名称的例子:zhangwujun@sina.com。常见电子邮箱有腾讯 QQ 邮箱、网易 163 邮箱、126 邮箱等。

1. 任务描述

小李是北海职业学院的一名学生,近期计算机课的作业需要通过电子邮件上交,小李要先申请邮箱,然后再给老师发邮件以完成作业。

2. 技术分析

学会注册邮箱,掌握电子邮件的收发操作。

3. 任务实现

(1)登录 163 邮箱(http://mail.163.com)主页,选择"注册网易邮箱"选项,打开用户注册页面,如图 1.3.1 所示。

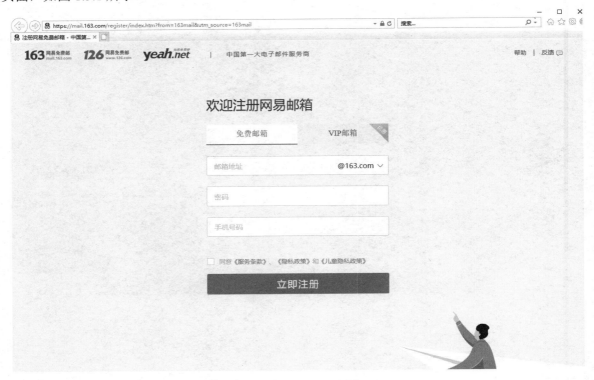

图 1.3.1 用户注册页面

(2)按照页面的输入要求,输入相应的项。若输入有错,页面会出现错误提示,所有数据项填写正确后,单击"立即注册"按钮,即申请成功。

(3)用申请成功的账号登录邮箱。登录邮箱成功后的页面如图 1.3.2 所示,页面左侧是邮箱的内容信息,包括未读邮件的数量、已发送、垃圾邮件等。

图 1.3.2 登录邮箱成功后的页面

（4）单击"写信"按钮，打开如图 1.3.3 所示的页面，就可以给其他人发送邮件了。

图 1.3.3 写信页面

（5）在收件人地址栏中输入收件人的邮箱，若收件人有多人的话，则每个收件人之间用逗号或分号隔开，也可以选择"抄送"选项加入。选择"添加附件"选项，在打开的文件对话框中找到并选择"logon.png"，然后单击"打开"按钮完成文件上传。

（6）单击"发送"按钮，完成邮件发送，发送成功的邮件将保存在"已发送"文件夹中。

（7）单击"存草稿"按钮可将内容保存到草稿箱中，供以后继续编辑发送邮件或单独存储一些重要信息的内容，这时收件人地址可以不填或用文字内容代替。

实训四 腾讯 QQ 的使用方法

腾讯 QQ（简称 QQ）是腾讯公司开发的一款基于 Internet 的即时通信（IM）软件，标志是一只戴着红色围巾的小企鹅。QQ 支持在线聊天、视频聊天和语音聊天，以及点对点断点续传文件、共享文件、网络硬盘、QQ 邮箱等多种功能，并可与移动通信终端等多种通信方式相连。

1．任务描述

小张是一名北海职业学院来自外地的学生，他最近刚买了一台计算机，为方便与远方的好友联系（如聊天、发文件等），他想在计算机中下载、安装 QQ 软件。

2．技术分析

（1）了解 QQ 的下载与安装方法。
（2）掌握 QQ 的注册与登录方法。
（3）掌握 QQ 的使用方法，如添加好友、好友聊天、传输文件等。

3．任务实现

（1）QQ 的下载与安装。

①在浏览器地址栏中，输入腾讯网地址 http://www.qq.com/，页面如图 1.4.1 所示。

图 1.4.1　腾讯网页面

②在腾讯网首页中，单击右侧列表的"QQ"图标，进入该网站的软件中心页面，如图 1.4.2 所示，单击"立即下载"按钮，完成 QQ 软件下载后即可在计算机中安装。

软件安装完成后运行，如果已经注册了 QQ 账号，则直接输入 QQ 号码和密码就可以正常登录，如果没有 QQ 账号，则需要注册后才能登录。

（2）QQ 的注册和登录。

①在 QQ 登录界面中单击"注册账号"按钮，进入注册页面，如图 1.4.3 所示，在该页面申请新账号即可。

图 1.4.2　腾讯网的软件中心页面

图 1.4.3　注册申请 QQ 账号

②成功注册 QQ 账号后，需要记住自己的 QQ 账号和密码（如果忘记密码，可通过登录页面的"找回密码"选项，按相关提示找回密码），在 QQ 登录页面中，输入自己的 QQ 号码和密码就可以正常登录了，如图 1.4.4 所示。

（3）QQ 的使用方法。

①首次使用新号码登录时，好友名单是空的，必须先和其他人联系添加好友，如图 1.4.5 所示。成功查找并添加好友后，就可以体验 QQ 的各种特色功能了。

图 1.4.4　QQ 登录页面

图 1.4.5　查找好友

②成功添加好友后即可和好友聊天、传输文件和发送邮件，如图 1.4.6 所示。

图 1.4.6　成功添加好友页面

③QQ 邮箱功能的使用如图 1.4.7 所示。

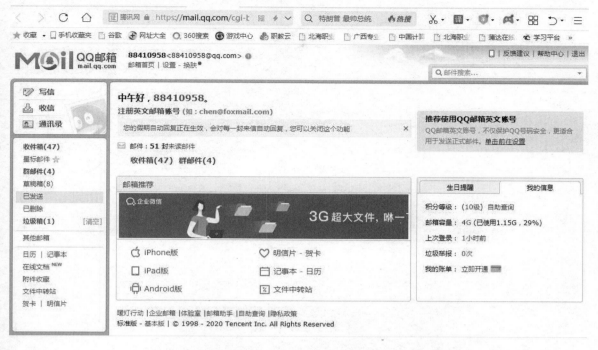

图 1.4.7　QQ 邮箱功能的使用页面

实训五　搜索下载网上资源

1．任务描述

在互联网中有大量的信息资源，我们该如何在互联网上查找资料呢？

2．技术分析

（1）了解常用的几个搜索引擎。
（2）掌握用搜索引擎搜索网上资源。
（3）掌握用搜索引擎下载网上资源。

3．任务实现

（1）用搜索引擎搜索网上资源。

①尝试登录常用的搜索引擎，如百度（www.baidu.com）、搜狗（www.sogou.com）、360 搜索（www.so.com）、Google 等。

②下面以百度（www.baidu.com）为例，在地址栏中输入 http://www.baidu.com，百度网页如图 1.5.1 所示，如果经常使用百度，则可将该网站的网址添加到收藏夹中。

③搜索内容时，只需要输入搜索关键词"银滩图片"，然后单击"百度一下"按钮，网页搜索结果如图 1.5.2 所示。

（2）用搜索引擎下载网上资源。

①对于网页中喜欢的图片，如图 1.5.3 所示，可单独进行保存。其方法是，右击图片，在弹出的快捷菜单中选择"图片另存为"选项，按提示位置保存图片即可。

图 1.5.1 百度网页

图 1.5.2 网页搜索结果

图 1.5.3 保存网页中的图片

②如果是软件等形式的文件，则需要下载。下载"播放器软件"时，只需要输入搜索关键词"播放器"，单击"百度一下"按钮，"播放器"搜索结果如图 1.5.4 所示，选择合适的播放器进行下载，并按提示位置保存软件即可。

图 1.5.4　"播放器"搜索结果

项目 2　Windows 10 操作系统

标准化试题

1. 操作系统具有五大管理功能，其（　　　）功能是直接面向用户的，是操作系统的最外层。
   - A. 处理器管理
   - B. 设备管理
   - C. 存储管理
   - D. 作业管理
2. 分时操作系统不具备的特点是（　　　）。
   - A. 同时性
   - B. 保密性
   - C. 独立性
   - D. 交互性
3. 在 Windows 10 系统中基本操作要点是（　　　）。
   - A. 单击菜单
   - B. 单击鼠标右键
   - C. 选定对象再操作
   - D. 鼠标和键盘
4. 在 Windows 10 中右击，屏幕将显示（　　　）。
   - A. 用户操作的提示信息
   - B. 快捷菜单
   - C. 当前对象的相关操作菜单
   - D. 计算机的系统信息
5. 在 Windows 10 系统及其应用程序中，若菜单中有呈灰色项，则表示该功能（　　　）。
   - A. 一般用户不能使用
   - B. 将弹出下一级菜单
   - C. 其设置当前无效
   - D. 用户当前不能使用
6. 扩展名为.exe 的文件为（　　　）。
   - A. 命令解释文件
   - B. 可执行文件
   - C. 目标代码文件
   - D. 系统配置文件
7. 在 Windows 10 系统中，关于文件夹的正确论述是（　　　）。
   - A. 文件夹的命名方法不同于文件
   - B. 文件夹是指某磁盘或光盘下的各项目录
   - C. 文件夹不但包含了各个磁盘、光盘及其下的所有目录，还包括各种任务
   - D. 同一文件夹下允许存在两个相同的下级文件夹和文件名
8. 当窗口处于还原状态时，移动窗口的方法是（　　　）。
   - A. 拖动滚动条
   - B. 拖动边框及视窗角
   - C. 拖动标题栏
   - D. 双击菜单栏
9. 剪贴板是（　　　）中的一块区域。
   - A. 硬盘
   - B. 软盘
   - C. 内存
   - D. 光盘
10. 下列操作中，可以更改文件名或文件夹名的操作是（　　　）。
    - A. 用鼠标右键单击文件或文件夹名，然后选择"重命名"选项，输入文件或文件夹名并

　　　　按回车键

　　B. 用鼠标左键单击文件或文件夹名，然后选择"重命名"选项，输入文件或文件夹名并
　　　　按回车键

　　C. 用鼠标右键双击文件或文件夹图标，输入新文件或文件夹名并按回车键

　　D. 用鼠标左键双击文件或文件夹图标，输入文件或文件夹名并按回车键

11. 要使文件不被修改和删除，可以把文件设置成（　　）。

　　A. 存档文件　　　　　　　　　　　　B. 隐含文件

　　C. 只读文件　　　　　　　　　　　　D. 系统文件

12. 即插即用的硬件是指（　　）。

　　A. 不需要 BIOS 支持即可使用的硬件

　　B. 在 Windows 系统中所能使用的硬件

　　C. 安装在计算机上不需要配置任何驱动程序就可以使用的硬件

　　D. 硬件安装在计算机上后，系统会自动识别并完成驱动程序的安装和配置

13. 在多用户操作系统中，计算机的软/硬件资源对于各个用户来说是（　　）。

　　A. 共享的　　　　　　　　　　　　　B. 分享的

　　C. 独占的　　　　　　　　　　　　　D. 不能使用的

14. 在窗口被最大化后，如果想要调整窗口的大小，应进行的操作是（　　）。

　　A. 单击"还原"按钮，再拖曳边框线

　　B. 用鼠标拖曳窗口的边框线

　　C. 先单击"最小化"按钮，再拖曳边框线

　　D. 拖曳窗口的四角

15. 在 Windows 10 中，如果想一次选定多个分散的文件或文件夹，应该（　　）。

　　A. 按住 Ctrl 键，并用鼠标右键逐个选取

　　B. 按住 Ctrl 键，并用鼠标左键逐个选取

　　C. 按住 Shift 键，并用鼠标右键逐个选取

　　D. 按住 Shift 键，并用鼠标左键逐个选取

16. 最小化窗口将使该窗口（　　）。

　　A. 关闭

　　B. 缩小成图标放在任务栏上

　　C. 变成活动的

　　D. 缩小窗口

17. "剪切"功能是把选定内容送到（　　）。

　　A. 回收站　　　　　　　　　　　　　B. 硬盘

　　C. 剪贴板　　　　　　　　　　　　　D. 资源管理器

18. 在 Windows 10 中，要复制当前文件夹中已经选中的对象，可使用组合键（　　）。

　　A. Ctrl+V　　　　　　　　　　　　　B. Ctrl+A

　　C. Ctrl+X　　　　　　　　　　　　　D. Ctrl+C

19. 在 Windows 10 系统的画图应用程序中，当前正在编辑一个图形。若要将某图形文件插入
当前图形中，则应选择相应菜单下的（　　）功能来实现。

　　A. 打开　　　　　　B. 复制到　　　　　　C. 剪贴到　　　　　　D. 粘贴到

20. 在 Windows 10 中，要选定当前文件夹内全部文件和文件夹，可使用的组合键是（　　）。

  A．Ctrl+V   B．Ctrl+A

  C．Ctrl+X   D．Ctrl+D

21．Windows 10 是一种（ ）操作系统。

  A．单用户单任务   B．单用户多任务

  C．多用户单任务   D．多用户多任务

22．Windows 10 操作系统具有（ ）特点。

  A．先选择操作对象，再选择操作项 B．先选择操作项，再选择操作对象

  C．同时选择操作项和操作对象   D．需将操作项拖到操作对象上

23．退出 Windows 10 的组合键是（ ）。

  A．Alt+F2   B．Ctrl+F2

  C．Alt+F4   D．Ctrl+F4

24．要从当前正在运行的一个应用程序窗口转到另一个应用程序窗口，只需用鼠标单击该窗口或按组合键（ ）。

  A．Ctrl+Esc   B．Ctrl+空格

  C．Alt+Esc   D．Alt+空格

25．Windows 10 应用程序的菜单中某条命令被选中后，该菜单右边又出现了一个附加菜单（或子菜单），该命令（ ）。

  A．后跟"　"   B．前有"●"

  C．呈灰色   D．后跟三角形符号

26．在 Windows 10 中，打开标准窗口控制菜单的组合键是（ ）。

  A．Ctrl+Esc   B．Ctrl+空格

  C．Alt+Esc   D．Alt+空格

27．在 Windows 10 中桌面是指（ ）。

  A．计算机台   B．活动窗口

  C．资源管理器窗口   D．窗口图标、对话框所在的屏幕背景

28．在 Windows 10 中，复制整个桌面的内容可以通过按组合键（ ）来实现。

  A．Alt+Print Screen   B．Print Screen

  C．Alt+F4   D．Ctrl+Print Screen

29．在 Windows 10 中，复制当前窗口可以按组合键（ ）来实现。

  A．Alt+Print Screen   B．Print Screen

  C．Alt+F4   D．Ctrl+Print Screen

30．在某个文档窗口中，已经进行了多次剪贴操作，当关闭该文档窗口后，剪贴板中的内容为（ ）。

  A．第一次剪贴的内容   B．所有剪贴的内容

  C．最后一次剪贴的内容   D．空白

31．一个应用程序窗口被最小化后，该应用程序将（ ）。

  A．被终止执行   B．在前台执行

  C．暂停执行   D．被转入后台执行

32．当选好文件后，（ ）不能删除文件。

  A．在键盘上按 Delete 键

  B．用鼠标右键单击该文件夹，打开快捷菜单，然后从中选择"删除"选项

C．在"文件"菜单中选择"删除"选项

D．用鼠标右键双击该文件

33．下列操作中，能在各种中文输入法间切换的是（　　）。

A．用组合键 Ctrl+Shift

C．用组合键 Shift+空格

B．用鼠标右键单击输入方式切换按钮

D．用组合键 Alt+Shift

34．选用中文输入法后，可以（　　）实现全角和半角的切换。

A．按 Caps Lock 键　　　　　　　　　B．按组合键 Ctrl+圆点

C．按组合键 Shift+空格　　　　　　　D．按组合键 Ctrl+空格

35．在 Windows 10 操作中，可按（　　）键取消本次操作。

A．Ctrl　　　　　　　　　　　　　　B．Esc

C．Shift　　　　　　　　　　　　　　D．Alt

36．借助剪贴板在两个 Windows 应用程序之间传递信息时，可在资源文件中选定要移动的信息后，先在"编辑"菜单中选择（　　）选项，将插入点置于目标文件的希望位置，再从"编辑"菜单中选择"粘贴"选项即可。

A．"清除"　　　　　　　　　　　　　B．"剪切"

C．"复制"　　　　　　　　　　　　　D．"粘贴"

37．在对话框中，如果想在选项上向后移动，可以使用组合键（　　）。

A．Ctrl+Shift　　　　　　　　　　　　B．Ctrl+Tab

C．Alt+Tab　　　　　　　　　　　　　D．Shift+Tab

38．在 Windows 10 中，可以通过按快捷键（　　）激活程序中的菜单栏。

A．Shift　　　　　　　　　　　　　　B．Esc

C．F10　　　　　　　　　　　　　　　D．F4

39．退出当前应用程序的方法是（　　）。

A．按 Esc 键　　　　　　　　　　　　B．按组合键 Ctrl+Esc

C．按组合键 Alt+Esc　　　　　　　　D．按组合键 Alt+F4

40．操作系统的主要功能包括（　　）。

A．运算器管理、存储器管理、设备管理、处理器管理

B．文件管理、处理器管理、设备管理、存储管理

C．文件管理、设备管理、系统管理、存储管理

D．管理器管理、设备管理、程序管理、存储管理

41．根据文件的命名规则，下列字符串中（　　）是合法文件名。

A．*ASDF．FNT　　　　　　　　　　B．B.AB_ _F@!. C2M

C．CON．PRG　　　　　　　　　　　D．CD?．TXT

42．在 Windows 10 "任务栏"上存放的是（　　）。

A．当前窗口的图标　　　　　　　　　B．已启动并正在执行的程序名

C．所有已打开的窗口的图标　　　　　D．已经打开的文件名

43．Windows 10 的"开始"菜单包括 Windows 系统的（　　）。

A．主要功能　　　　　　　　　　　　B．全部功能

C．部分功能　　　　　　　　　　　　D．初始化功能

44．下列操作不属于鼠标操作方式的是（　　　）。

    A．单击　　　　　　　　　　　　　B．拖曳

    C．双击　　　　　　　　　　　　　D．按住 Alt 键拖曳

45．下列说法正确的是（　　　）。

    A．将鼠标定在窗口的任意位置，按住鼠标左键不放，任意拖曳可以移动窗口

    B．单击窗口右上角标有一条短横线的按钮，可最大化窗口

    C．单击窗口右上角标有两个方框的按钮，可最小化窗口

    D．用鼠标拖曳窗口的边和角，可任意改变窗口的大小

46．如果某菜单的右边有一个黑色三角形标记，则表示（　　　）。

    A．单击这个菜单选项会出现一个对话框

    B．选项还有子菜单

    C．单击这个选项可以弹出一个快捷菜单

    D．这个菜单目前还不能选取

47．在下拉式菜单中，每条命令后都有一个用括号括起来的带下画线的字符，称为热键或快捷键，这意味着（　　　）。

    A．在显示出了下拉式菜单后，可以在键盘上按字符选择命令

    B．在任何时候都可以直接在键盘上按字符来选择命令

    C．在显示出了下拉式菜单后，可以按 Alt+字母来选择命令

    D．在任何时候都可以按 Alt+字母来选择命令

48．在 Windows 10 中用来和用户进行信息交换的是（　　　）。

    A．菜单　　　　　　　　　　　　　B．工具栏

    C．对话框　　　　　　　　　　　　D．应用程序

49．在 Windows 10 中，要查找一个文件或文件夹可以通过"开始"菜单中的（　　　）菜单选项来实现。

    A．"程序"　　　　　　　　　　　　B．"搜索"

    C．"查找"　　　　　　　　　　　　D．"帮助"

50．在 Windows 10 中，（　　　）可启动一个应用程序。

    A．用鼠标右键双击应用程序文件名

    B．用鼠标右键单击应用程序名

    C．用鼠标左键单击应用程序名

    D．将鼠标指向"开始"菜单中的"程序"选项，在其子菜单中单击指定的应用程序

51．要在 Windows 10 中安装一个应用程序的正确方法是（　　　）。

    A．将文件复制到硬盘中即可

    B．在 CONFLG. SYS 和 AUTOEXEC. BAT 文件中添加几条语句

    C．将文件复制到内存中即可

    D．单击"开始"按钮，选择"设置"中的"控制面板"选项，然后在"控制面板"窗口中，双击"添加/删除"图标

52．在 Windows 环境中，指定活动窗口的方法是（　　　）。

    A．用鼠标单击该窗口内任意位置

    B．反复按组合键 Ctrl+Tab

    C．把其他窗口都关闭，只留下一个窗口

D．把其他窗口都最小化，只留下一个窗口

53．当桌面上有多个窗口时，这些窗口（　　　）。

A．只能重叠　　　　　　　　　　B．只能平铺

C．既能重叠，也能平铺　　　　　D．系统自动设置其平铺或重叠，用户无法改变

54．要选定多个不连续的文件（文件夹），要先按住（　　　）。

A．Alt 键　　　　　　　　　　　B．Ctrl 键

C．Shift 键　　　　　　　　　　D．组合键 Ctrl+Alt

55．下列说法错误的是（　　　）。

A．在文件夹窗口中，按住鼠标左键拖曳鼠标，可以出现一个虚线框，松开鼠标后将选中虚线框内的所有文件

B．按住 Ctrl 键，单击一个选中的项目即可取消选定

C．先单击第一项，按住 Ctrl 键，然后再单击最后一个要选定的项，即可选中多个连续的文件

D．选择"编辑"菜单中的"反向选择"选项，将选定文件夹中除已选定的文件

56．对"我的电脑"窗口中的同一个文件夹进行复制文件的操作，选定文件后，应（　　　）。

A．直接用鼠标左键拖曳需要复制的文件

B．用鼠标右键选择要复制的文件，弹出快捷菜单，选择"复制"选项

C．选中需要复制的文件，选择"编辑"菜单中的"复制"选项

D．按住 Ctrl 键，用鼠标左键拖曳要复制的文件

57．操作系统的主要功能是（　　　）。

A．控制和管理系统资源的使用　　B．实现软/硬件的转换

C．管理计算机的硬件设备　　　　D．把源程序译成目标程序

实训操作题

实训一　定制个性化界面

1．任务描述

小红新配备了一台计算机，但是她开机后发现屏幕上的桌面图标过小，桌面背景也不是自己喜欢的风格，屏幕保护程序也没有设置。于是她决定自己更改屏幕的分辨率、桌面背景图片和屏幕保护程序。同时她还打算熟悉一下鼠标、窗口、菜单、对话框等的基本操作方法。

2．技术分析

（1）掌握 Windows 10 桌面的"屏幕分辨率"、桌面背景设置。

（2）掌握 Windows 10 的鼠标、窗口、菜单和对话框等基本概念。

3．任务实现

（1）更改桌面分辨率的设置。

①在桌面的空白处单击鼠标右键，从弹出的快捷菜单中选择"显示设计"选项，打开"设置"

窗口，如图 2.1.1 所示。

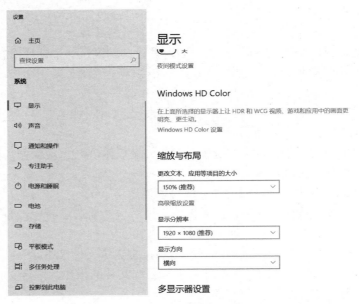

图 2.1.1 "设置"窗口

②选择"显示"选项，根据用户自身的需求，在"更改文本、应用等项目的大小"中设置文本、应用等项目的显示大小。在"显示分辨率"中设置显示的分辨率。在"显示方向"中设置显示屏的投屏方向。更改设置后，会弹出系统提示是否更改设置的对话框，单击"保留更改"按钮即可改变显示设置。

（2）更改桌面背景、设置个性化图标和屏保。

①在桌面的空白处单击鼠标右键，从弹出的快捷菜单中选择"个性化"选项，打开"设置"窗口，在左侧选项中选择"个性化"选项，其窗口如图 2.1.2 所示。

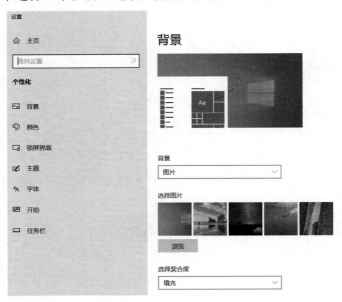

图 2.1.2 "个性化"窗口

②在"个性化"选项中，选择"背景"选项，在右侧"背景"中选择桌面背景使用"纯色""图片"或"幻灯片放映"选项，并根据向导进行相关选择，从而更改桌面背景。

③在"颜色"选项中，设置自己喜欢的颜色为窗口颜色，从而更改窗口颜色。

④选择"锁屏界面"选项，在右侧的对话框中，设置自己喜欢的锁屏方式，可以使用图片、幻灯片等，再根据选择的方式进行添加即可。

⑤单击"锁屏界面"的"屏幕保护程序设置"选项，弹出"屏幕保护程序设置"对话框，如图 2.1.3 所示。在"屏幕保护程序"选项中选择屏幕保护内容，设置屏幕保护的等待时间，从而更改屏幕保护程序。

图 2.1.3　"屏幕保护程序设置"对话框

（3）鼠标的基本操作。

①用鼠标拖曳桌面上的"回收站"图标。

②用鼠标右键单击桌面上的"回收站"图标，在其快捷菜单中选择"属性"选项，弹出"回收站属性"对话框，用鼠标拖曳该对话框到桌面上的位置。

③用鼠标双击桌面上的"回收站"图标，打开"回收站"窗口，将鼠标箭头指向窗口边沿，在出现双向箭头时，按住鼠标左键进行拖曳操作，可改变该窗口的大小。

（4）窗口操作。

①打开"此电脑"窗口，单击最大化按钮、最小化按钮来改变窗口的显示。

②使用鼠标拖曳窗口边框，并将鼠标箭头指向窗口边沿，在出现双向箭头时，按住鼠标左键进行拖曳操作可拉大或缩小窗口的大小。

③拖动滚动条快速移动窗口显示的内容，单击滚动条矩形块的上、下（或左、右）方块，使显示内容翻屏。

④用鼠标单击滚动条的小三角形，可小幅度移动窗口显示的内容。

（5）菜单操作。

①在"此电脑"窗口中选择菜单条的"查看"选项，打开菜单。

②将鼠标箭头指向"查看"菜单中带有三角形的选项，观察出现的下级菜单。

③选择"查看"菜单中带有小圆点（表示选中）的选项，再单击另一个单选项，将其由不选改为选中，观察菜单中图标排列的变化情况。

（6）对话框操作。

①单击"开始"按钮，选定下面的搜索栏，如图 2.1.4 所示，指定要查找文件的类型或修改日期，观察查找的结果。

图 2.1.4　搜索程序和文件

②单击"开始"按钮，选择"所有程序"→"附件"→"运行"，出现对话框后，指定要运行的程序文件的路径，并运行指定的程序文件。

实训二　文件和文件夹的操作

文件资源管理器是 Windows 系统提供的资源管理工具，用它可以查看本台计算机的所有资源，特别是它提供的树形文件系统结构，能更直观地认识计算机的文件和文件夹。另外，在文件资源管理器中还可以对文件或文件夹进行各种操作，如打开、复制、移动等。文件夹用来协助人们管理计算机文件，可使文件整齐规范。

1. 任务描述

为了让小李尽快熟悉业务，办公室主任让他尽快掌握文件或文件夹的创建、打开、复制、移动等操作。

2．技术分析

（1）掌握 Windows 10 中文件资源管理器的基本使用方法。

（2）使用文件资源管理器或"此电脑"创建文件或文件夹。

（3）掌握移动和复制文件或文件夹，删除文件或文件夹，从回收站恢复被删除的文件等操作方法。

3．任务实现

（1）启动 Windows 10 系统，单击"开始"按钮，从"Windows 系统"启动文件资源管理器。

①认识文件资源管理器窗口、菜单和图标。移动分隔条，改变左右窗口的大小。移动滚动条以便观察到窗口内的全部内容。选择菜单中的"文件""编辑"等选项，观察其下级菜单。

②单击文件资源管理器左侧窗口内文件夹所带的"▷"符号，将文件夹展开。文件夹的折叠操作以此类推。

（2）"此电脑"或文件资源管理器的使用。

①在右侧窗口内单击鼠标右键，通过"查看"选项分别选用小图标、列表、详细信息等方式浏览文件/文件夹，观察各种显示方式的区别。

②在右侧窗口内单击鼠标右键，通过"排序方式"选项分别按名称、大小、类型和修改日期等方式对文件/文件夹进行排序，观察 4 种排序方式的区别。

（3）在 D 盘创建一个新文件夹，并命名为"T+学号"（如 T20130133）。

①在文件资源管理器的左侧窗口内单击 D 盘图标，使其成为当前文件夹。

②选择菜单中"文件"的"新建"选项，并选择其中的"文件夹"选项。

③从键盘输入新建的文件夹名"T20130133"，按回车键，如图 2.2.1 所示。

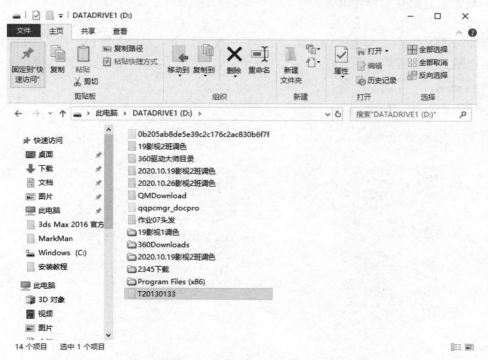

图 2.2.1　新建文件夹 T20130133

④复制 "C:\" 中所有扩展名为 SYS 的文件到 "T20130133" 文件夹中。

⑤将 "T20130133" 文件夹重命名为 "T+姓名" 文件夹。

⑥删除 "T+姓名" 文件夹中所有扩展名为 SYS 的文件。

⑦删除 "T+姓名" 文件夹。

⑧从回收站中找到 "T+姓名" 文件夹，单击 "还原" 按钮，将该文件夹还原到 D 盘中。

⑨再次删除 D 盘中的 "T+姓名" 文件夹，该文件夹被放到回收站中。

⑩从回收站再次删除 "T+姓名" 文件夹，该文件夹被彻底删除。

实训三 控制面板的使用

控制面板是 Windows 图形用户界面的一部分，可通过 "开始" 菜单进行访问。它允许用户查看并操作基本的系统设置，如系统和安全、用户账户和家庭安全、网络和 Internet、外观和个性化、硬件和声音、时钟、语言和区域、程序等。

1．任务描述

办公室行政秘书小蔡的计算机出了问题，如时间和日期显示错误，搜狗拼音输入法被删除。她需要给计算机设置正确的时间和日期，同时添加搜狗拼音输入法。

2．技术分析

利用控制面板设置正确的时间和日期，并添加输入法。

3．任务实现

（1）设置正确的时间和日期。

单击 "开始" 按钮，选择 "控制面板" 选项，如图 2.3.1 所示，选择 "时钟和区域" 选项，出现 "日期和时间" 对话框，如图 2.3.2 所示。单击 "更改日期和时间" 按钮，打开 "日期和时间设置" 对话框后进行设置，如图 2.3.3 所示。

图 2.3.1 "控制面板" 窗口

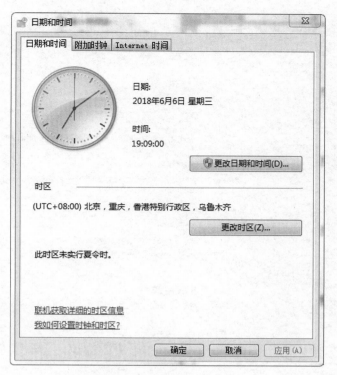

图 2.3.2　"日期和时间"对话框

图 2.3.3　"日期和时间设置"对话框

（2）添加输入法的设置。

在桌面右下角的消息通知区域中选中输入法，右键选择"语言首选项"选项，在"语言"窗口中单击"添加语言"按钮，如图 2.3.4 所示，再根据向导进行相关操作即可。

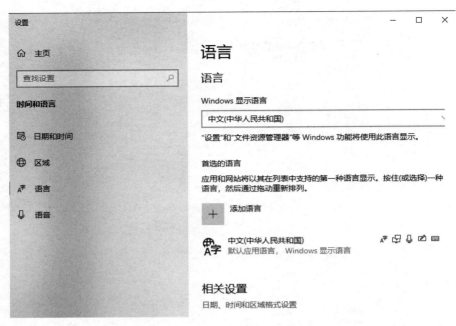

图 2.3.4 "语言"窗口

项目 3　WPS 文字的运用

标准化试题

1. 关于样式，下列说法错误的是（1　），正确的是（2　）。要设置样式，使用（3　）命令。
   （1）A. 样式是多个格式排版命令的组合
   B. 由 WPS 文字本身自带的样式是不能被修改的
   C. 在功能区中的样式可以是 WPS 文字本身自带的，也可以是用户自己创建的
   D. 样式规定了文中标题、题注及正文等文本元素的形式
   （2）A. 样式是用户定义的一系列排版格式
   B. 段落样式仅是段落格式化命令的集合
   C. 使用样式前应事先选定要应用样式的段落或字符
   D. 字符样式对文档中的所有字符都起作用
   （3）A. "开始" → "更改样式"　　　　B. "视图" → "大纲"
   C. "开始" → "段落"　　　　　　D. "文件" → "新建"

2. 自然段是指（1　）。选定 WPS 文字文档的某个段落可将指针移到该段左边的选定栏，然后（2　）。
   （1）A. 两个句号之间的字符　　　　B. 两个 Enter 符号之间的字符
   C. Enter 符号与句号之间的字符　　D. 两个分隔符之间的字符
   （2）A. 双击左键　　　　　　　　B. 双击右键
   C. 单击左键　　　　　　　　　D. 单击右键

3. 要迅速将插入点定位到第 10 页，可使用"查找和替换"对话框中的（　　）选项卡。
   A. "替换"　　　　　　　　　B. "设备"
   C. "定位"　　　　　　　　　D. "查找"

4. 在 WPS 文字中建立的 WPS 文字文档，不能用 Windows 中的记事本打开，这是因为（1　）。如果要将文档的扩展名取名为.txt，则应在"另存为"对话框的"保存类型"框中选择（2　）。
   （1）A. 文件是以.doc 为扩展名的
   B. 文字中含有汉字
   C. 文件中含有特殊控制符
   D. 文件中的西文有"全角"和"半角"之分
   （2）A. 纯文本　　　　　　　　　B. Word 文档
   C. 文档模板　　　　　　　　　D. 其他

5. 选择"开始" → "编辑" → "替换"，在对话框中指定了"查找内容"，但在"替换为"框内未输入任何内容，此时单击"全部替换"按钮，将（　　）。
   A. 只做查找不进行任何替换　　　B. 将所查到的内容全部替换为空格

C．将所查到的内容全部删除　　　　　D．每查到一个，就询问"替换成什么?"

6．每逢元旦，S 信息公司都要寄大量内容相同的信，只是信中的称呼不一样，为了提高编辑工作的效率，可运用 WPS 文字的（　　　）功能实现。

　　A．邮件合并　　　　　　　　　　　B．书签

　　C．信封和选项卡　　　　　　　　　D．复制

7．在 WPS 文字中，要将某个段落分成两段，可先将插入点移到要分段的地方，再按（　　　）键。

　　A．Enter　　　　　　　　　　　　　B．Alt+Enter 组合

　　C．Insert　　　　　　　　　　　　　D．Ctrl+Insert 组合

8．在 WPS 文字中制作好一张表格，插入点在某个单元格中，若右击单元格先选择"选择"→"行"，再选择"选择"→"列"，那么结果是（　　　）。

　　A．选定整个表格　　　　　　　　　B．选定多列

　　C．选定一行一列　　　　　　　　　D．选定一列

9．在 WPS 文字窗口上部的标尺中可以直接设置的格式是（　　　）。

　　A．字体　　　　　　　　　　　　　B．分栏

　　C．段落缩进　　　　　　　　　　　D．字符间距

10．下列关于字体格式和段落格式设置的说法中，正确的是（　　　）。

　　A．对整个文本有效

　　B．只对插入点后的字符有效

　　C．如果事先选定了文本，则对选定的文本有效，否则无效

　　D．如果事先选定了文本，则对选定的文本及新输入的字符有效，否则只对新输入的字符有效

11．关于行距，下列说法错误的是（　　　）。

　　A．行距的"默认值"为单倍行距

　　B．行距的"最小值"是 WPS 文字可调节的最小行距

　　C．行距的"固定值"用于设置成不需要 WPS 文字调节的固定行距

　　D．"多倍行距"是指行距按单倍行距的倍数增加

12．如果想将输入的字符全部集中在文档页面的左边显示，应采用的正确方法为（　　　）。

　　A．将输入的字符选定，右缩进　　　B．将输入的字符选定，分栏

　　C．将右边界设大　　　　　　　　　D．用竖型文本框

13．页码与页眉、页脚的关系是（1　），输入页眉和页脚内容的命令在（2　）选项卡里。

　　（1）A．页眉和页脚就是页码

　　　　　B．页码与页眉、页脚可分别设定，彼此毫无关系

　　　　　C．欲设置页码必先设置页眉和页脚

　　　　　D．页码是页眉或页脚的一部分

　　（2）A．文件　　　　B．编辑　　　　　C．插入　　　　　D．格式

14．下列关于 WPS 文字文档窗口的说法中，正确的是（　　　）。

　　A．只能打开一个文档窗口　　　　　B．可打开多个，但只有一个是活动窗口

　　C．可打开多个，但只能显示一个　　D．可打开多个活动的文档窗口

15．下列操作中（　　　）不能在 WPS 文字文档中生成表格。

　　A．单击功能区中的"插入表格"按钮

B．使用功能区中的"绘制表格"按钮

C．使用功能区中的"直线"按钮

D．使用功能区中的"快速表格"按钮

16．"打印"对话框中的"设置"选项里有一项"当前页"，该"当前页"指的是（　　）。

A．文档中光标所在的页　　　　　　B．当前窗口显示的页

C．最后打开的页　　　　　　　　　D．最早打开的页

17．在 WPS 文字中，若要计算表格中某行数值的总和，可使用的函数是（1　）。对 WPS 文字中表格的数据进行计算，应该执行的选项卡命令是（2　）。

（1）A．Sum( )　　B．Total( )　　　C．Count( )　　　　D．Average( )

（2）A．"表格工具"→"排序"　　　B．"表格工具"→"公式"

　　　C．"审阅"→"字数统计"　　　　D．"绘图工具格式"→"排列"

18．段落的形成是由于（1　）。选择"开始"选项卡的"段落"选项，可（2　）。

（1）A．输入字符达到行宽就自动转入下一行

B．按组合键 Shift+Enter

C．有了空行作为分隔

D．按 Enter 键

（2）A．改变页面的宽窄　　　　　　B．改变分页符的宽窄

　　　C．改变段落的宽窄　　　　　　D．改变分隔符的宽窄

19．在 WPS 文字中对于选定文本内容的操作，如下叙述不正确的是（1　）。在 WPS 文字文档中，当用鼠标左键三击某字符时，可选定（2　）。

（1）A．在文本选定栏三击鼠标左键可以选定全部内容

B．按组合键 Ctrl+Alt 可以选定全部内容

C．不可以选定两块不连续的内容

D．可以通过鼠标拖曳或键盘组合操作选定任何一块文本

（2）A．整个文档　　　　　　　　　B．一个单词

　　　C．该字符所在的段　　　　　　D．一句话

20．某个文档基本页是纵向的，如果某页需要以横向页面形式出现，则（　　）。

A．不可以这样做

B．在该页开始处插入分节符，在该页下一页开始处插入分节符，将该页通过页面设置为横向，但在应用范围内必须设为"本节"

C．将整个文档分为两个文档来处理

D．将整个文档分为三个文档来处理

21．WPS 文字提供了多种文档视图以适应不同的编辑需要，其中，页与页之间显示一条虚线分隔的视图是（1　）视图。WPS 文字中有多种视图，处理图形对象应在（2　）视图中进行。输入页眉、页脚内容选项所在的选项卡是（3　）。

（1）A．大纲　　　　B．页面　　　　C．草稿　　　　D．阅读版式

（2）A．Web 版式　B．大纲　　　　C．页面　　　　D．阅读版式

（3）A．插入　　　　B．文件　　　　C．视图　　　　D．引用

22．关于 WPS 文字中的剪贴板，下列说法错误的是（　　）。

A．可将 WPS 文字剪贴板中保存的若干次复制或剪切的内容清空

B．可将选定的内容复制到 WPS 文字剪贴板中

  C．可选择 WPS 文字剪贴板中保存的某项内容进行粘贴

  D．可查看 WPS 文字剪贴板中保存的所有形式（如文本、图片、对象等）的全部内容

23．关于段落的格式化，下列说法错误的是（1 ），正确的是（2 ）。

  （1）A．对某段落进行格式化，必须先选定该段落

    B．对某段落进行格式化，可右击鼠标，在弹出的快捷菜单中选择"段落"选项

    C．可使用标尺对某段落进行格式化

    D．"段落间距"与"段落行距"是一回事

  （2）A．段落的水平对齐有"两端对齐""右对齐""居中""分散对齐"4 种方式

    B．段落右对齐时，其左边会不齐

    C．格式工具栏上的按钮 的作用是减少段落的缩进量

    D．给段落加边框可选择"开始"→"段落"

24．在 WPS 文字中编辑一个文档，为了保证屏幕显示与打印结果相同，应选择（1 ）视图。在 WPS 文字中可以利用"视图"选项卡中的（2 ）来改变显示的大小。

  （1）A．大纲   B．草稿   C．阅读版式   D．页面

  （2）A．标尺   B．显示比例   C．全屏显示   D．放大镜

25．WPS 文字提供了多种类别的图标按钮，下列说法错误的是（ ）。

  A．任意单击某一个选项卡，功能区中的图标按钮是可以改变的

  B．任意单击某一个选项卡，功能区中的图标按钮是永远固定不变的

  C．使用按钮可迅速获得 WPS 文字的最常用的命令

  D．使用按钮只要将鼠标指针移到要使用的按钮后单击即可

26．在 WPS 文字中，当（ ）时，鼠标指针变为"+"。

  A．指针指向窗口的边界   B．指针指向工具栏

  C．建立文本框   D．指针指向文本框

27．以下不属于 WPS 文字文本功能的是（1 ）。在 WPS 文字默认情况下，输入错误的英文单词时，会（2 ）。如果要查询当前文档中包含的字符数，则（3 ）。

  （1）A．文字任意角度旋转

    B．文字加圈

    C．汉字加拼音

    D．中文简体与繁体的互转

  （2）A．自动更正

    B．系统铃响，提示出错

    C．在单词下有绿色波浪线

    D．在单词下有红色波浪线

  （3）A．选择"文件"→"选项"

    B．选择"审阅"→"校对"→"字数统计"

    C．选择"页面布局"→"页面设置"

    D．无法实现

28．下列有关 WPS 文字格式刷的叙述中，（ ）是正确的。

  A．格式刷只能复制字体格式

  B．格式刷可用于复制纯文本的内容

  C．格式刷只能复制段落格式

D．字体或段落格式都可以用格式刷复制

29．对于新建文档，执行保存命令并输入新文档名，如"LETTER"后，标题栏显示为（　　）。

A．LETTER.docx
B．LETTER 文档 1
C．文档 1.DOC
D．DOC

30．在使用 WPS 文字编辑文本的过程中，如果不随时将编辑好的文本存盘，遇到突然停电也不会丢失很多数据，这是因为（　　）。

A．WPS 文字会在停电时的瞬间将被编辑的文本存盘

B．WPS 文字在内存保存一个被编辑文本的备份文件

C．WPS 文字在 Cache 中随时保存被编辑文本的一个最新版，若停电就会将最新版存盘

D．WPS 文字会按一定的时间间隔自动将被编辑的文本存盘

31．在 WPS 文字中删除一个段落标记符后，前后两段文字合并为一段，此时（　　）。

A．原段落字体格式不变

B．采用后一段字体格式

C．采用前一段字体格式

D．变为默认字体格式

32．（1　）不能退出 WPS 文字，按组合键 Ctrl+W 执行的操作是（2　）。

（1）A．按组合键 Alt+F4

B．单击"文件"选项卡中的"关闭"按钮

C．单击标题栏右边的"✖"图标

D．单击"文件"选项卡中的"退出"按钮

（2）A．关闭 WPS 文字

B．关闭 WPS 文字的当前活动窗口

C．打开 WPS 文字

D．关闭 Windows

33．在 WPS 文字的表格中，将两个单元格合并后，原有两个单元格中的内容（　　）。

A．合并成一段，但各自保存原来的格式

B．合并成一段，格式以第一个单元格为准

C．分为两个段落，但各自保存原来的格式

D．分为两个段落，格式以第一个单元格为准

34．WPS 文字不仅可以提供丰富的文字编辑手段，还可以在文档中绘制表格。对于 WPS 文字中表格绘制操作错误的是（1　）。把光标定位在表格内，则在表格的左上方出现一个小方块，称之为"移动柄"；在表格的右下方出现一个小方块，称之为"缩放柄"；单击"移动柄"会（2　），拖曳"缩放柄"会（3　）。

（1）A．选择"插入"→"形状"

B．选择"插入"→"表格"→"插入表格"

C．选择"插入"→"表格"→"绘制表格"

D．鼠标左键拖动的"插入→表格→插入表格"区域

（2）A．无任何效果
B．删除该表格
C．全选该表格
D．隐藏该表格

（3）A．移动该表格
B．调整表格大小
C．只调整行高
D．只调整列高

35．在 WPS 文字中要选择矩形的文本块，在拖曳鼠标时应按住的键是（　　）。

    A．Ctrl   B．Shift   C．Esc   D．Alt

36．在"文件"选项卡的"最近使用文件"中的文件名是（　　）。

    A．WPS 文字当前打开的所有文件名

    B．最近被 WPS 文字处理过，但都已关闭的文件名

    C．最近被 WPS 文字打开过的文档名

    D．刚刚新建文档的文件名

37．在 WPS 文字中，可以利用组合功能将多个对象组合成一个整体，但不能参与组合的对象是（　　）。

    A．图形   B．表格

    C．文本框   D．图片

38．使用 WPS 文字的"查找"选项查找"win"时，要使"Windows"不被查到，应勾选（　　）复选框。

    A．"区分大小写"   B．"区分全半角"

    C．"全字匹配"   D．"模式匹配"

39．关于 WPS 文字的状态栏，下列说法错误的是（　　）。

    A．用户可通过状态栏来了解插入点的位置及其与页顶端的距离

    B．文档的页码、字数在状态栏中都有所显示

    C．通过状态栏可了解该文档的大小

    D．状态栏中有录制、修订、改写和输入模式 4 个状态框

40．功能区中有一个"字体框"和一个"字号框"，当选取了一段文字后，这两个框内分别显示"仿宋体"和"三号"，这说明（　　）。

    A．被选取的文档现在总体的格式为三号仿宋体

    B．被选取的文字的格式将被设定为三号仿宋体

    C．被选取的文字现在的格式为三号仿宋体

    D．WPS 文字默认的格式设定为三号仿宋体

41．在 WPS 文字中插入一张空表，当"列宽"设为"自动"时，系统的处理方法是（　　）。

    A．设定列宽为 10 个汉字

    B．根据预先设定的默认值确定

    C．设定列宽为 10 个字符

    D．根据列数和页面设定的宽度自动计算确定

42．关于新建文档和打开文档，下列说法错误的是（1　），正确的是（2　）。

  （1）A．新建文档是指在内存中产生一个新文档，并在屏幕上显示，进入编辑状态

      B．WPS 文字每新建一个文档，就打开一个新的文档窗口，在标题栏上没有文件名

      C．新建文档的组合键为 Ctrl+N

      D．单击任务栏的"开始"按钮，并在"文档"菜单中打开最近使用过的 WPS 文字文档

  （2）A．WPS 文字不能打开非 WPS 文字格式的文档

      B．WPS 文字不能建立 Web 页文档

      C．WPS 文字可以同时打开多个文档

      D．所有的非 Word 格式的文档 WPS 文字都能打开

43．在 WPS 文字编辑中，要使一个图形放在另一个图形的上面，可右击该图形，在弹出的快

捷菜单中选择（1 ）选项；如插入图片后，希望图片形成水印图案，即文字与图案重叠，既能看到文字，又能看到图案，则应选择（2 ）选项；如让文字绕着插入的图片排列，可以进行的操作是（3 ）；在编辑状态下绘制图形时，文档应处于（4 ）。在（5 ）视图下可以插入页眉和页脚。

(1) A. 置于底层   B. 置于顶层
    C. 其他布局选项   D. 设置形状格式
(2) A. 将图形置于文本之上   B. 设置图形与文本同层
    C. 将图形置于文本之下   D. 在图形中输入文字
(3) A. 插入图片，设置叠放次序
    B. 插入图片，调整图形比例
    C. 建立文本框，设置文本框位置
    D. 插入图片，设置环绕方式
(4) A. 页面视图   B. Web 版式视图
    C. 大纲视图   D. 阅读版式
(5) A. 草稿   B. 大纲
    C. 页面   D. Web 版式

44. 在 WPS 文字的编辑状态中，若选定的文本块中包含的文字有多种字号，则在选择"开始""字体"选项组中的"字号"框内将显示（1 ）。输入文本时，在段落结束处按 Enter 键后，若不专门设定，则新开始的自然段将自动使用（2 ）排版。

(1) A. 块首字符的字号   B. 块尾字符的字号
    C. 空白   D. 块中最大的字号
(2) A. 字体五号，单倍行距   B. 开机时的默认格式
    C. 仿宋体，三号字   D. 与上一段相同的排版格式

45. 在用 WPS 文字编辑时，如果用户选中大段文字，不小心按了空格键，则大段文字将被一个空格所代替。此时可用（1 ）操作还原到原先的状态；如果用户在 WPS 文字中选择了文本块以后，要删除这部分文本，可按（2 ）键。

(1) A. 粘贴   B. 替换
    C. 撤销   D. 恢复
(2) A. Delete   B. 空格
    C. Back Space   D. 以上都对

实训操作题

实训一 比赛方案的制作

1. 任务描述

以一个比赛通知为实例，使用 WPS 进行排版，最终效果如图 3.1.1 所示。

2020年“青创杯”第一届青年创业
创新比赛方案

为深入实施创新驱动发展战略，在广大青年中大力弘扬创业精神，鼓励和支持青年走在“大众创业 万众创新”前列。大赛旨在挖掘引进一批新技术、新产业、新业态、新模式和高科技、高质量的项目，培育一批富有活力、具备潜力、具有影响力与号召力的创新创业人才队伍。经研究，北海职业学院电子信息工程系开展2020年“青创杯”第一届青年创业创新比赛。具体方案如下：

一、大赛主题

创业成就梦想 创新引领未来

二、活动时间

2020年9月-2020年12月

三、组织机构

（一）主办单位

北海职业学院电子信息工程系

（二）支持媒体

北海职业学院电子信息工程系学生会新闻部

（三）评委机构

北海职业学院电子信息工程系各专业主任

四、比赛分组

本次大赛共分为两个组别，符合条件的参赛个人、团队或企业只能选择其中一个组别参加。

（一）创新创业组

该组别参赛项目需要有清晰的产品原型或服务模式，符合国家对创业创新的指导方向，具备一定创新特点或创意表现力。主要从技术和产品、商业模式、行业及市场、团队、财务规划等多个方面进行考量.包含5G新一代信息技术、节能环保，电子技术、数字经济、文化创意、艺术设计、旅游休闲、现代服务业、移动互联网技术及应用开发项目等各行业类别。

（二）电商扶贫营销组

该组别参赛项目需要参赛个人或团队对产品营销进行策划，并在规定时间段内，利用各大网商平台通过直播带货、网店销售等多形式对指定扶贫产品进行带货销售。主要对参赛个人或团队在营销策划能力及实战能力进行考量。

五、参赛对象及条件

意向创业或正式创业的个人、团队或初创企业，尚未进入实体运营阶段的创新项目或工商登记注册时间不超过5年的初创企业项目均可报名。

六、报名时间及方式

（一）报名时间

2020年9月-10月

（二）报名方式

所有参赛者需关注电子信息工程系微信公众号，如实填写相关参赛信息。报名时需按网站提示信息，提供以下材料：

1. 参赛报名表；
2. 参赛选手（团队）承诺书；
3. 创业计划书。

北海职业学院电子信息工程系

2020年8月29日

图 3.1.1 比赛通知的排版效果

2. 技术分析

通知的排版不需要太花哨，主要使用WPS文字处理的字体格式、段落格式、项目符号等功能进行设置。

3. 任务实现

（1）将相关素材复制到“D:\T□\WPS 项目”文件夹中。

（2）打开素材文件“比赛通知.docx”文件。

（3）页面设置：上、下页边距各为 2 厘米，左、右页边距各为 2.6 厘米。

（4）设置主标题：字体为黑体，字号为二号，加粗，字体间距为 2 磅，对齐方式为居中。

（5）设置正文内容：字体为仿宋，字号为三号，首行缩进 2 字符，行高为固定值 25 磅。

（6）设置大赛奖励的段落项目符号。

（7）落款部门和日期设置对齐方式为右对齐。

（8）在页脚中插入页码，并居中。

（9）保存文档，并退出。

实训二　个人信息档案表的制作

1. 任务描述

个人信息档案资料包含个人基本信息、工作经历、学习经历、家庭成员、科研成果等内容，通过本项目的实训，掌握创建和运用表格的各种技能操作，为今后的实际工作与应用奠定基础，最终效果如图 3.2.1 所示。

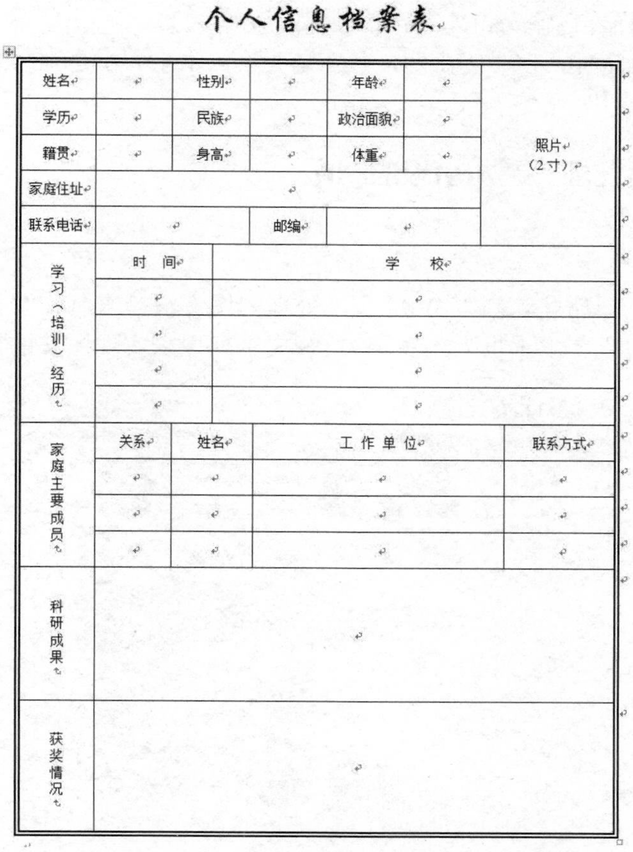

个人信息档案表

<table>
<tr><td>姓名</td><td></td><td>性别</td><td></td><td>年龄</td><td></td><td rowspan="5">照片
（2寸）</td></tr>
<tr><td>学历</td><td></td><td>民族</td><td></td><td>政治面貌</td><td></td></tr>
<tr><td>籍贯</td><td></td><td>身高</td><td></td><td>体重</td><td></td></tr>
<tr><td>家庭住址</td><td colspan="5"></td></tr>
<tr><td>联系电话</td><td colspan="2"></td><td>邮编</td><td colspan="2"></td></tr>
<tr><td rowspan="5">学习（培训）经历</td><td colspan="2">时　间</td><td colspan="4">学　　校</td></tr>
<tr><td colspan="2"></td><td colspan="4"></td></tr>
<tr><td colspan="2"></td><td colspan="4"></td></tr>
<tr><td colspan="2"></td><td colspan="4"></td></tr>
<tr><td colspan="2"></td><td colspan="4"></td></tr>
<tr><td rowspan="4">家庭主要成员</td><td>关系</td><td>姓名</td><td colspan="3">工 作 单 位</td><td>联系方式</td></tr>
<tr><td></td><td></td><td colspan="3"></td><td></td></tr>
<tr><td></td><td></td><td colspan="3"></td><td></td></tr>
<tr><td></td><td></td><td colspan="3"></td><td></td></tr>
<tr><td>科研成果</td><td colspan="6"></td></tr>
<tr><td>获奖情况</td><td colspan="6"></td></tr>
</table>

图 3.2.1　个人信息档案表

2．技术分析

熟练应用 WPS 文字处理中的插入表格与美化表格等操作。

（1）插入表格。

（2）合并、拆分单元格。

（3）录入文字。

（4）表格中格式的设置。

（5）表格的行高列宽的设置。

3．任务实现

（1）启动 WPS 2019，新建一个空白文档，命名为"个人信息档案表.docx"，保存在"D:\T□\WPS 文字处理"文件夹中。

（2）页面设置：左右页边距各为 2.5 厘米，纵向。

（3）输入主标题，并设置主标题：华文行楷，字号为一号、居中，行距为单倍行距，段前、段后间距均为 0.5 行。

（4）插入 7 列 16 行的表格。

（5）表格最后两行高度的固定值为 3.8 厘米，其余各行高度均为 1 厘米。

（6）参照图 3.2.1 样表，合并需要合并的单元格。

（7）表格内框线为 0.5 磅的单实线，外框线为 1.5 磅的双实线。

（8）参照图 3.2.1 样表，输入相关内容。

（9）表格内文字为宋体，字号为小四，且在单元格内水平和垂直都为居中显示。

（10）保存文档，退出。

实训三　"魅力北海"艺术小报的制作

1．任务描述

随着办公自动化的日常化，利用 WPS 文字处理的图文混排来制作海报、艺术小报已经很普遍了。现以"魅力北海"艺术小报为例利用 WPS 文字处理来实现图文的混排，如图 3.3.1 所示。

图 3.3.1　艺术小报的图文混排效果

2．技术分析

艺术小报除选择符合主题的图片和内容、注重色彩搭配外，还要灵活运用分栏、文本框、智能图形、艺术字、环绕方式等操作要素进行图文混排，才能使整体版面协调、美观。

3．任务实现

（1）启动 WPS 2019，新建一个空白文档，命名为"魅力北海艺术小报.docx"，保存在"D:\T□\WPS 文字处理项目"文件夹中。

（2）页面布局。

①页面设置：页边距上、下均为 2.6 厘米，左、右均为 2 厘米，方向为横向，纸张大小为 A3，自定义宽度为 42 厘米、高度为 29.7 厘米，应用于整篇文档。

②设置分栏为两栏，栏间距为 2.03 字符。

（3）制作艺术小报的版头，如图 3.3.2 所示。

①插入 Logo 图片。

②插入艺术字"魅力北海"。

③插入两个文本框，并输入基本信息，设置文字为宋体，字号为五号，加粗，行距为固定值 12 磅。

④在版头下方设置装饰线。

图 3.3.2 艺术小报的版头效果

（4）制作北海景点版面。

①引入所有文字内容，将"北海景点"标题设置为黑体，字号为三号，加粗，行距为单倍行距，段前、段后各为 0 行，底纹设置为浅蓝色上斜线图案，并应用于"段落"。正文字体设置为仿宋，字号为小四，行距为固定值 25 磅，段前、段后各 0 行，首行缩进为 2 字符。

②插入图片，调整到合适的位置，设置为紧密型环绕方式。

③插入文本框，并输入"温馨小提示"文字，设置为黑体，字号为五号，文字方向为垂直，排版方式为紧密型环绕。调整到合适的位置。

（5）制作北海美食版面。

①输入"北海美食"文字标题，标题设置为黑体，字号为小三，行距为单倍行距，段前、段后各为 0 行，底纹设置为浅蓝色上斜线图案，并应用于 "段落"。

②单击"插入"按钮，选择"智能图形"→"垂直图片列表"，引入美食文字内容，并设置合适的字体、字号、行距，然后插入三张美食图片，如图 3.3.3 所示。

（6）制作合浦南珠版面。

在北海美食右侧插入文本框，输入合浦南珠文字内容，文字方向为垂直。小标题设置为华文琥珀，字号为二号，居中、艺术字样式。正文设置为宋体，字号为五号，首行缩进为 2 字符，行距为固定值 20 磅。

（7）保存文档，退出。

图 3.3.3 "北海美食"版面效果

实训四 毕业设计论文的编排

1．任务描述

毕业设计论文是学生在校期间运用所学理论知识分析解决实际问题能力的综合测评，其构成内容包括封面、目录、摘要与关键词、正文、参考文献。毕业设计论文编排前的效果如图 3.4.1所示。

图 3.4.1 毕业设计论文编排前的效果

2．技术分析

一篇优秀的毕业设计论文除要求研究内容正确、围绕主题、见解独特、创新特色外，论文的结构和格式同样重要，包括封面、目录、摘要和关键字、正文、参考文献、致谢等结构。灵活利用页面设置、插入目录、设置页眉页脚、定制和应用样式等高级操作完成的毕业设计论文的编排效果如图 3.4.2 所示。

图 3.4.2　毕业设计论文的编排效果

3．任务实现

（1）打开文件夹中的"毕业设计论文.docx"。

（2）页面设置。

纸张设置为 A4，方向为纵向，页边距设置上、下各为 2 厘米，左边为 2.5 厘米，右边为 1.5 厘米。

（3）定制样式。

在"开始"选项卡的"样式"对话框中，分别选择各级标题的修改样式，如图 3.4.3 所示。

图 3.4.3　"样式"对话框

"标题 1"样式：字体为宋体，字号为二号，居中，行距为 1.5 倍，段前为 0.5 行，段后为 0.5 行。

“标题 2”样式：字体为黑体，字号为四号，左对齐，行距为 1.5 倍。

“标题 3”样式：字体为仿宋，字号为四号，加粗，左对齐，行距为 1.5 倍。

“正文”样式：字体为宋体，字号为小四，首行缩进为 2 字符，行距为固定值 22 磅。

（4）应用样式。

①摘要部分，如图 3.4.4 所示。

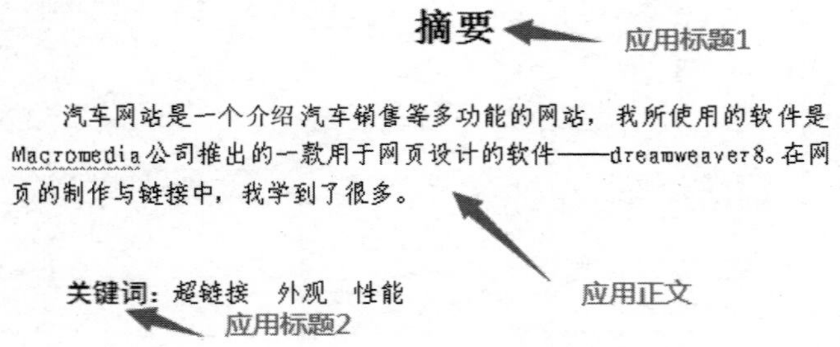
摘要

汽车网站是一个介绍汽车销售等多功能的网站，我所使用的软件是Macromedia公司推出的一款用于网页设计的软件——dreamweaver8。在网页的制作与链接中，我学到了很多。

关键词：超链接　外观　性能

图 3.4.4　摘要应用样式

②正文部分，如图 3.4.5 所示。

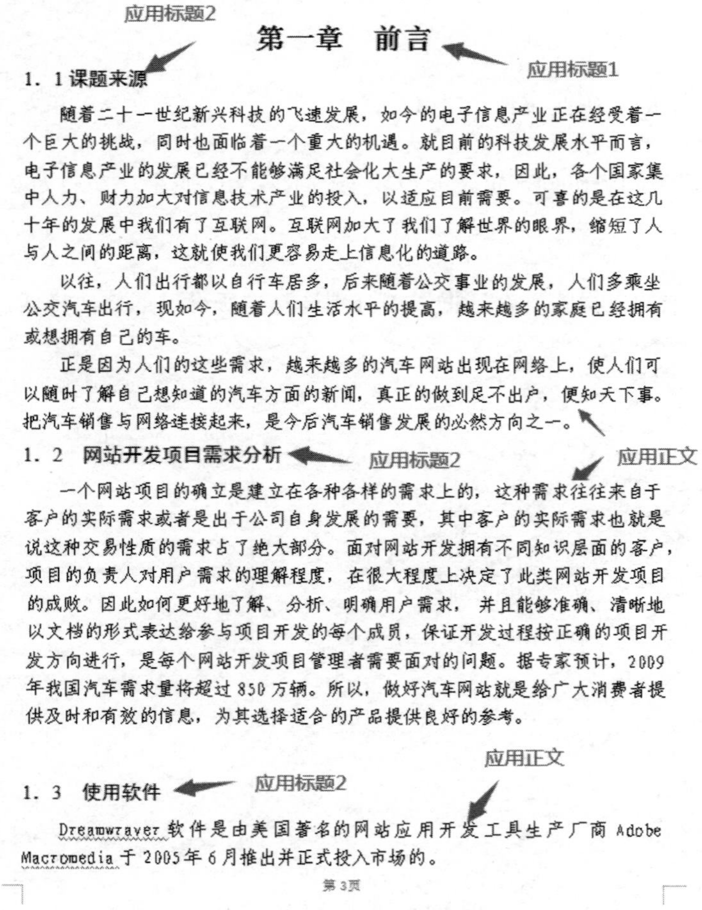
第一章　前言

1．1 课题来源

随着二十一世纪新兴科技的飞速发展，如今的电子信息产业正在经受着一个巨大的挑战，同时也面临着一个重大的机遇。就目前的科技发展水平而言，电子信息产业的发展已经不能够满足社会化大生产的要求，因此，各个国家集中人力、财力加大对信息技术产业的投入，以适应目前需要。可喜的是在这几十年的发展中我们有了互联网。互联网加大了我们了解世界的眼界，缩短了人与人之间的距离，这就使我们更容易走上信息化的道路。

以往，人们出行都以自行车居多，后来随着公交事业的发展，人们多乘坐公交汽车出行，现如今，随着人们生活水平的提高，越来越多的家庭已经拥有或想拥有自己的车。

正是因为人们的这些需求，越来越多的汽车网站出现在网络上，使人们可以随时了解自己想知道的汽车方面的新闻，真正的做到足不出户，便知天下事。把汽车销售与网络连接起来，是今后汽车销售发展的必然方向之一。

1．2　网站开发项目需求分析

一个网站项目的确立是建立在各种各样的需求上的，这种需求往往来自于客户的实际需求或者是出于公司自身发展的需要，其中客户的实际需求也就是说这种交易性质的需求占了绝大部分。面对网站开发拥有不同知识层面的客户，项目的负责人对用户需求的理解程度，在很大程度上决定了此类网站开发项目的成败。因此如何更好地了解、分析、明确用户需求，并且能够准确、清晰地以文档的形式表达给参与项目开发的每个成员，保证开发过程按正确的项目开发方向进行，是每个网站开发项目管理者需要面对的问题。据专家预计，2009年我国汽车需求量将超过 850 万辆。所以，做好汽车网站就是给广大消费者提供及时和有效的信息，为其选择适合的产品提供良好的参考。

1．3　使用软件

Dreamwraver 软件是由美国著名的网站应用开发工具生产厂商 Adobe Macromedia 于 2005年 6 月推出并正式投入市场的。

第 3页

图 3.4.5　正文应用样式

③参考文献，如图 3.4.6 所示。

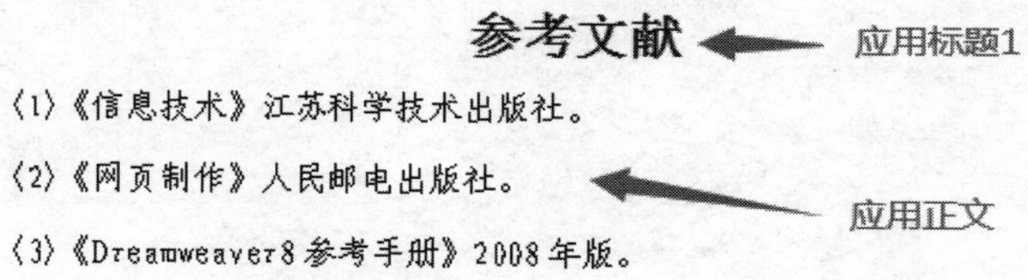

参考文献
应用标题1
〈1〉《信息技术》江苏科学技术出版社。
〈2〉《网页制作》人民邮电出版社。
应用正文
〈3〉《Dreamweaver8 参考手册》2008 年版。

图 3.4.6　参考文献应用样式

④致谢，如图 3.4.7 所示。

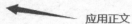

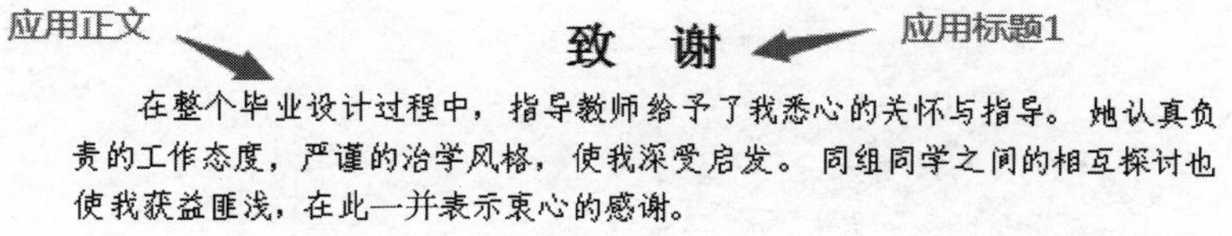

应用正文
致　谢
应用标题1
在整个毕业设计过程中，指导教师给予了我悉心的关怀与指导。她认真负责的工作态度，严谨的治学风格，使我深受启发。同组同学之间的相互探讨也使我获益匪浅，在此一并表示衷心的感谢。

图 3.4.7　致谢应用样式

注：

①正文中表格与插图的字体均为五号、宋体。

②为保证打印效果，打印前应将全文字体的颜色统一设置为黑色。

（5）插入页码。

封面不需要页码。目录、摘要和正文分别设置页码。

①插入分隔符。

在需要重新编排页码的位置插入“下一页分节符”，即该论文封面与目录之间插入第 1 个分节符，目录与摘要之间插入第 2 个分节符，将论文文档分成 3 节。

操作步骤：在“页面布局”选项卡的“页面设置”组中，选择“分页”的“下一页分节符”选项，如图 3.4.8 所示。

文件
开始
插入
页面布局
引用
智能图形
封面页
空白页
分页
表格
图片
形状
图标库
关系图
分页符(P)　Ctrl+Enter
分栏符(C)
换行符(W)　Shift+Enter
下一页分节符(N)
连续分节符(T)
偶数页分节符(E)
奇数页分节符(O)

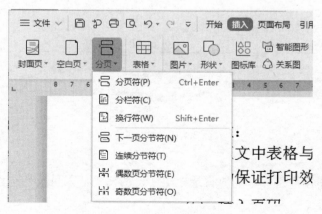

图 3.4.8　插入分节符

②页码。

光标定位在需要插入页码的页面，如图 3.4.9 所示。

操作步骤：在“插入”选项卡的“页眉和页脚”组中，选择“页码”选项。

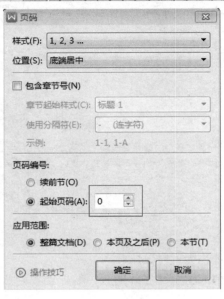

图 3.4.9　插入页码

注：由于文档页脚每节设置的页码都不同，所以要取消勾选"设计"选项卡的"导航"组中的"链接到前一条页眉"复选框，断开与前一节的链接。

（6）插入页眉。

操作步骤：在"插入"选项卡的"页眉和页脚"组中，选择"编辑页眉"选项，如图 3.4.10 所示。

图 3.4.10　插入页眉

（7）创建目录。

操作步骤：在"引用"选项卡的"目录"组中，选择"插入目录"选项，如图 3.4.11 所示。

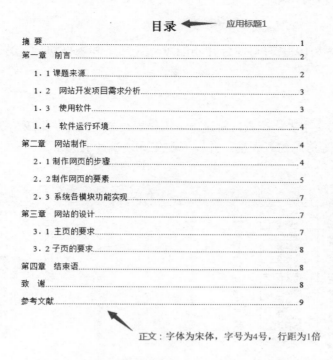

目录　⬅ 应用标题1

正文：字体为宋体，字号为4号，行距为1倍

图 3.4.11　插入目录

（8）保存文档，退出。

实训五　制作成绩报告单

1．任务描述

期末到了，老师们又要填写学生成绩报告单了，由于学生很多，手工填写是一件很烦琐的工作。使用 WPS 的"邮件合并"功能，通过 WPS Office 2019 的文字和表格协同工作，就可以进行成绩报告单的"批处理"，轻松完成学生的成绩报告单，最终效果如图 3.5.1 所示。

图 3.5.1　学生成绩报告单的最终效果

2．技术分析

使用 WPS Office 2019 中的邮件合并功能可以让文字和表格协同工作，实现成绩报告单的"批处理"。

3．任务实现

（1）利用 WPS 的文字表格工具，新建一个工作表，命名为"学生成绩统计表"，然后将班级、学生姓名和各科成绩等信息输入表格，并以"学生成绩统计表.xlsx"为文件名，保存在硬盘中备用，如图 3.5.2 所示。

班级	姓名	性别	语文	数学	英语	思政	体育	计算机
19计算机（1）班	张莹	女	92	78	85	69	78	90
19计算机（1）班	韦国旖	女	81	87	85	75	87	94
19计算机（1）班	萧俊	男	82	96	87	78	96	90
19计算机（1）班	蔡昭明	男	87	87	88	69	87	94
19计算机（1）班	杨其远	男	84	78	76	75	78	88
19计算机（1）班	黄业辉	男	85	69	90	78	69	89
19计算机（1）班	冯桂茗	女	85	75	91	76	75	90
19计算机（1）班	黄景暖	男	87	78	96	90	78	91
19计算机（1）班	李耀泉	男	88	69	87	94	69	92
19计算机（1）班	吕立显	男	76	75	78	88	75	93
19计算机（1）班	贺国恩	男	90	78	69	89	78	94
19计算机（1）班	文泽行	男	91	76	78	78	76	95

图 3.5.2　学生成绩统计表

（2）绘制学生成绩报告单。

①运行 WPS 文字，新建一个空白文档。

②页面设置：页边距上、下各为 2 厘米，纸张大小为 32 开，方向为横向。

③插入 1×3 表格，并设置行高为 8 厘米，调整列宽。

④根据"学生成绩统计表.xlsx"表头中的相关项目，绘制一张学生成绩报告单，并保存为"学生成绩报告单.docx"。

（3）批量处理学生成绩报告单。

①打开刚建立的"学生成绩报告单.docx"。

②WPS 文字菜单栏中没有"邮件"选项，需要单击 🔍查找，搜索邮件，如图 3.5.3 所示。

图 3.5.3　菜单栏

③在"打开数据源"窗口中，选中"学生成绩统计表.xlsx"，单击"打开"按钮，弹出"选择表格"窗口，选择"学生成绩统计表"选项，单击"确定"按钮，如图 3.5.4 所示。

图 3.5.4　学生成绩报告单

④返回 WPS 文字编辑窗口，将光标定位到学生成绩报告单需要插入数据的位置，单击"插入合并域"按钮，在下拉菜单中单击相应的选项，将数据源插入成绩报告单相应的位置，如图 3.5.5 所示。

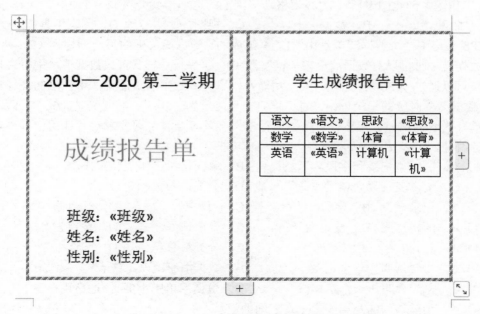

图 3.5.5　插入合并域后的学生成绩报告单

⑤在"合并到新文档"对话框中，选择"全部"选项，单击"确定"按钮完成邮件合并，系统会自动处理并生成每位学生的成绩报告单，并在新文档中一一列出。

项目 4　WPS 表格的运用

标准化试题

1．WPS 表格工作簿文件的默认扩展名为（　　）。

    A．.doc　　　　　B．.xls　　　　　C．.ppt　　　　　D．.mdb

2．在 WPS 表格的工作表中最小操作单元是（　　）。

    A．单元格　　　　B．一行　　　　　C．一列　　　　　D．一张表

3．在 WPS 表格中，当按回车键（Enter）结束对一个单元格数据的输入时，下一个单元格在原活动单元格的（　　）。

    A．上面　　　　　B．下面　　　　　C．左面　　　　　D．右面

4．在工作簿中创建图表后，WPS 表格功能区上的选项卡就会增加一个（　　）选项卡。

    A．插入　　　　　B．数据　　　　　C．视图　　　　　D．图表工具

5．WPS 表格中一个数据清单是由（1　）组成的。数据清单中的每一列称为（2　）。用 WPS 表格进行数据管理时可以对数据清单按关键字段（3　）来排序。要查找数据清单中符合指定条件的数据行，可以通过 WPS 表格的（4　）功能。以下有关数据清单的说法中正确的是（5　）。在 WPS 表格数据清单对应的记录单中，对话框右上角显示为"5/11"，其含义是（6　）。假定存在一个数据清单，内容为部门、规格、价格、库存量、金额等项目，现要求对各部门中各种规格产品的总数进行统计，可以使用 WPS 表格的（7　）功能。

    （1）A．区域、记录和字段　　　　　　B．单元格、工作表和工作簿

        C．工作表、数据和工作簿　　　　　D．公式、数据和记录

    （2）A．记录　　　B．字段　　　　　C．列数据　　　　D．行数据

    （3）A．随机次序　B．设定为降序　　C．升序或降序　　D．设定为升序

    （4）A．查找　　　B．排序　　　　　C．分类汇总　　　D．筛选

    （5）A．每一列叫作一个记录　　　　　B．数据清单就是工作表

        C．每一行叫作一个字体段　　　　　D．数据清单中不能含有空行

    （6）A．当前访问的是第 5～11 条之间的记录

        B．当前访问的记录是总数的 5/11

        C．目前的记录是第 5 条

        D．目前访问记录单的是第 5 个用户

    （7）A．统计　　　B．分类汇总　　　C．排序　　　　　D．筛选

6．在某单元格中若输入了"0 1/2"（0 与 1 之间有 1 个空格），则确认后该单元格显示为（1　）；

若单元格中输入的是"1/2"，则确认后该单元格显示为（2　）。

(1) A. 1/2　　　　B. 1 月 2 日　　　　C. 0 1/2　　　　D. 0.5

(2) A. 0.5　　　　B. 1 月 2 日　　　　C. 1/2　　　　D. 以上都不正确

7. 关于跨列居中的作用，正确的是（1　）。为了使标题位于表格所选区域的中央，可以使用对齐方式中的（2　）。WPS 表格工具栏上的"⊞"按钮是（3　）。使用该按钮只是把选定区域（4　）单元格的数据放入合并后所得的单元格中。

(1) A. 执行跨列居中后的数据显示且存储在所选区域的中央

B. 仅能向右扩展跨列居中

C. 也能向左跨列居中

D. 跨列居中与合并及居中的作用是一样的

(2) A. 跨列居中　　　　　　　　　　B. 分散对齐

C. 合并及居中　　　　　　　　　　D. 两端对齐

(3) A. "合并及居中"按钮　　　　　　B. "分散对齐"按钮

C. "跨列居中"按钮　　　　　　　D. "两端对齐"按钮

(4) A. 左上角　　B. 右上角　　　　C. 左下角　　　　D. 右下角

8. 在 WPS 表格中，下列算术运算符运算的优先级别由大到小的次序是（1　）。WPS 表格的运算符有算术运算符、比较运算符、文本运算符，其中，符号"<>"属于（2　）；符号"&"属于（3　）。在 WPS 表格中，若要查找符号"?"，需在前面加一个（4　）符号。

(1) A. %、^、*、+　　　　　　　　B. %、*、+、^

C. ^、*、+、%　　　　　　　　D. ^、*、%、+

(2) A. 逻辑运算符　　　　　　　　　B. 比较运算符

C. 文本运算符　　　　　　　　　D. 算术运算符

(3) A. 逻辑运算符　　　　　　　　　B. 算术运算符

C. 文本运算符　　　　　　　　　D. 比较运算符

(4) A. "@"　　　　B. "$"　　　　C. "#"　　　　　D. "~"

9. 在 WPS 表格中，将选定的单元格区域移动到同一工作表中其他位置，可用（1　）；如果在同一工作表中复制单元格区域，可以将鼠标指针移动到选定的单元格区域边界后，按（2　）键并按左键拖曳；如果要交换两个不同单元格区域的位置，可先选定其中的一个单元格区域，将鼠标指针移动到选定单元格区域的边界后，按住（3　）键并按左键拖曳。

(1) A. 使用选项卡中"复制+粘贴"选项

B. 鼠标移动到选定的单元格区域边界后，再按左键拖动

C. 鼠标移动到选定的单元格区域中央后，再按左键拖动

D. 使用选项卡中的"编辑"→"替换"选项

(2) A. Shift　　　B. Ctrl　　　　C. Alt　　　　　D. Tab

(3) A. Alt　　　　B. Ctrl　　　　C. Shift　　　　D. Tab

10. 在 WPS 表格中，如果用公式引用某单元格的数据时，需在公式中输入该单元格的（1　）。WPS 表格工作表的"编辑"栏包括（2　），可以使用（3　）选项卡中的命令来设置是否显示编辑栏；同时，（4　）的数据将显示在编辑栏中。在某单元格中输入="办公室软件"&"Office 2010"，结果是（5　）。

(1) A. 名称　　B. 数据　　　　C. 内容　　　　D. 格式

(2) A. 状态栏　　　　　　　　　　　B. 名称框和编辑框

C．名称框　　　　　　　　　　　D．编辑框
　（3）A．"文件"　　B．"窗口"　　　C．"工具"　　　　D．"视图"
　（4）A．选定的单元格　　　　　　B．行号
　　　　C．列号　　　　　　　　　　D．活动单元格
　（5）A．"办公室软件"＆"Office2010"
　　　　B．办公室软件＆Office2010
　　　　C．办公室软件 Office2010
　　　　D．以上都不正确

11．WPS 表格工作簿是计算和存储数据的（1　）。工作簿是由（2　）组成的。被打开的工作簿文件的名称都显示在（3　）菜单中。如果工作表的数据很多，要在屏幕内同时查看同一工作表中不同区域的内容，可以使用（4　）操作。对工作表的说法错误的是（5　）。
　（1）A．文件　　　B．数据库　　　C．表格　　　　D．工作表
　（2）A．单元格　　B．工作表　　　C．数据表　　　D．表格
　（3）A．视图　　　B．文件　　　　C．窗口　　　　D．工具
　（4）A．拆分窗口　B．重排窗口　　C．隐藏窗口　　D．冻结窗格
　（5）A．工作簿中预设工作表的数量都是 3 个
　　　　B．对工作表数量的设置可执行"文件"选项中的"选项"命令
　　　　C．工作簿中工作表数量设置的最大值是 255
　　　　D．用公式、函数计算时仅能引用本工作表中的单元格

12．若 WPS 表格工作簿中既有工作表又有图表，当选择"文件"选项卡的"保存"选项时，则（1　）。WPS 表格不能用于（2　）。在 WPS 表格中，使用（3　）选项卡中的选项来实现移动工作表的操作；使用（4　）选项卡中的选项来为工作表创建副本。
　（1）A．将工作表和图表作为一个文件来保存
　　　　B．将工作表和图表分成两个文件来保存
　　　　C．只保存图表文件
　　　　D．只保存工作表文件
　（2）A．统计分析　　　　　　　　B．制作演示文稿
　　　　C．创建图表　　　　　　　　D．处理表格
　（3）A．"工具"　　B．"数据"　　　C．"开始"　　　　D．"格式"
　（4）A．"数据"　　B．"插入"　　　C．"视图"　　　　D．"开始"

13．在 WPS 表格中，表示某个工作表的单元格地址时，工作表与单元格之间必须使用（1　）分隔；引用其他工作簿中工作表上的单元格时，其他工作簿的名称要加（2　）。在单元格中输入日期时，年、月的分隔符可以是（3　）。
　（1）A．[ ]　　　　B．\　　　　　C．|　　　　　　D．!
　（2）A．（ ）　　　B．<>　　　　　C．[ ]　　　　　D．" "
　（3）A．/或-　　　B．-或|　　　　C．/或\　　　　　D．\或-

14．如果将工作表中 B3 单元格的公式"=C3+$D5"复制到该工作表的 D7 单元格时，该单元格公式为（　　　）。
　　　A．=C3+$D5　　B．=D7+$E9　　C．=E7+$D9　　D．=E7+$D5

15．设 B2 单元格中为数值字符 008，B3～B5 单元格中的数值分别为 87、95 和 100，则 =Count(B2:B5)的值为（1　）。若某单元格中插入的公式为"=IF("X">"Y","正确","错误")"，确定

后其计算结果为（2　）。在 A1 单元格中输入 "001" 字符后，将鼠标指针移动到 A1 单元格右下角使鼠标指针变为填充柄 "+" 号，若按鼠标左键拖动到 A10 单元格，那么 A10 单元格的值是（3　）。

（1）A. 290　　　　B. 282　　　　C. 4　　　　D. 3
（2）A. 正确　　　　B. 错误　　　　C. X　　　　D. Y
（3）A. 10　　　　B. 010　　　　C. 0010　　　　D. 不能填充

16. 在 WPS 表格中，使用（1　）函数能统计出选定单元格区域内数值的最大值；使用（2　）函数能计算工作表所引用的单元格数据的总和；使用 Count 函数能统计所选定单元格（3　）。WPS 表格除了能处理 "数字" "文字" 数据，还能处理（4　）数据。在 WPS 表格中，函数可以作为其他函数的（5　）。

（1）A. Max　　　　B. Count　　　　C. Average　　　　D. Sum
（2）A. Average　　B. Sum　　　　C. Count　　　　D. Min
（3）A. 有数据的单元格个数　　　　B. 单元格个数
　　　C. 有数值的单元格个数　　　　D. 数值的和
（4）A. 逻辑　　　　B. 公式　　　　C. 函数　　　　D. 日期和时间
（5）A. 函数　　　　B. 常量　　　　C. 变量　　　　D. 参数

17. 在对 WPS 表格中的数据进行分类汇总时，先要按某个字段内容进行（　　），然后再对每个类做出统计操作。

A. 排序　　　　B. 筛选　　　　C. 编辑　　　　D. 选择

18. 要想在当前工作表（Sheet1）的 B2 单元格中计算平均值，需要引用另一个工作表（如 Sheet3）中 A3 到 A8 单元格的值，则在当前工作表的 B2 单元格中输入的表达式应为（　　）。

A. = Average(Sheet3!A3:A8)　　　　B. = Average (Sheet3!A3:Sheet3!A8)
C. = Average((Sheet3)A3:A8)　　　　D. = Average ((Sheet3)A3:(Sheet3)A8)

19. WPS 表格具有较强的数据库管理能力，如果要对工作表中的数据清单按某个字段进行归类并进行求和、求平均值、技术等操作，可使用 "数据" 选项卡的（　　）命令较方便。

A. 合并计算　　　　B. 筛选　　　　C. 记录单　　　　D. 分类汇总

20. WPS 表格的填充功能不能实现（　　）操作。

A. 复制数据或公式到不相邻的单元格中
B. 复制等比数列
C. 填充等差数列
D. 复制数据或公式到相邻的单元格中

21. 在 WPS 表格工作簿中，有关移动和复制工作表的说法正确的是（　　）。

A. 工作表只能在所在工作簿内移动不能复制
B. 工作表只能在所在工作簿内复制不能移动
C. 工作表可以移动到其他工作簿内，但不能复制到其他工作簿内
D. 工作表既可以移动到其他工作簿内，也可以复制到其他工作簿内

22. 在 WPS 表格中建立图表时，通过移动图表按钮可以更改（1　）。下列关于图表的说法中正确的是（2　）。如果要更改已建立的图表中坐标轴的颜色，要使用（3　）。图表是工作表数据的一种直观表示形式，图表的形态随工作表中（4　）自动更新。如对建立的图表进行修改时，下列叙述正确的是（5　）。在对图表对象进行编辑时，下列叙述不正确的是（6　）。制作图表的数据可取自（7　）。

（1）A. 图表类型　　　　　　　　B. 图表选项

　　　　C. 图表的数据源　　　　　　　　D. 图表的位置

（2）A. 插入的图表不能改变大小

　　　B. 图表也可以作为一张新的工作表插入

　　　C. 插入的图表不能移动

　　　D. 图表不能在其他工作表中插入

（3）A. "数据"选项卡的命令

　　　B. 图表工具中"格式"选项卡的命令

　　　C. "图表"选项卡的命令

　　　D. "工具"选项卡的命令

（4）A. X 轴数据　　　　　　　　　　B. Y 轴数据

　　　C. 所有数据　　　　　　　　　　D. 相关数据

（5）A. 先修改工作表的数据，才能对图表进行相应的修改

　　　B. 先修改图表中的数据点，才能修改工作表中相关的数据

　　　C. 只要对工作表中的数据进行修改，图表就会自动相应更改

　　　D. 只需删除图表中的某些数据点，工作表中的相关数据也相应改变

（6）A. 图表的位置可以是工作簿中的任何位置

　　　B. 对图表的编辑最便捷的方法是对它右击，选取相应的菜单项目

　　　C. 选取"图表"对象，使用"图表工具"选项卡中的命令

　　　D. 嵌入式图表与独立式图表不能实现相互转换

（7）A. 筛选后的数据　　　　　　　　B. 分类汇总隐藏明细后的数据

　　　C. 透视表的数据　　　　　　　　D. 以上都可以

　　23．有一个学生成绩表（包含学号、姓名、性别、系别及三门课程成绩等字段），要统计各系男女学生人数及各课程平均分，采用 WPS 表格的（　　　）功能最合适。

　　　A. 数据透视表　　　　　　　　　B. 筛选

　　　C. 合并计算　　　　　　　　　　D. 分类汇总

　　24．WPS 表格不仅具备快速编辑报表的能力，同时还具有强大的数据处理功能，其中（　　　）功能能够将筛选、排序和分类汇总等操作依次完成，并生成汇总表格。

　　　A. 数据透视表　　　　　　　　　B. 高级筛选

　　　C. 合并计算　　　　　　　　　　D. 自动筛选

　　25．在 WPS 表格数据清单中，先按某个字段内容进行归类（排序），然后再对每个类做出统计的操作是（1　）。在 WPS 表格中，可以单击（2　）选项卡中"分级显示"选项组的"分类汇总"按钮来对记录进行统计分析。为了取消分类汇总的结果，其操作是（3　）。

（1）A. 筛选　　　　　　　　　　　　B. 分类汇总

　　　C. 分类排序　　　　　　　　　　D. 记录单处理

（2）A. 工具　　　　　　　　　　　　B. 格式

　　　C. 数据　　　　　　　　　　　　D. 编辑

（3）A. 选择"编辑"→"删除"

　　　B. 按 Delete 键

　　　C. 在"分类汇总"对话框中单击"全部删除"按钮

　　　D. 以上都不可以

实训操作题

实训一　企业新入职员工培训成绩统计分析表

1．任务描述

在日常生活和工作中经常需要对数据进行统计分析，如对新入职员工进行培训，计算员工培训成绩、对不同员工成绩进行比较、制作统计图表等。用 WPS 表格可以方便、快捷地完成各项数据计算、统计分析、制作统计图表等工作。

2．技术分析

制作企业新入职员工培训成绩统计分析表的基本过程如下：

（1）打开工作簿，通过公式计算企业新入职员工培训的总成绩；

（2）新建"成绩统计分析表"，并通过函数计算"最高分"和"最低分"；

（3）新建"成绩比较表"，并通过图表功能制作各员工成绩比较的统计图表；

（4）新建"成绩筛选表"，并通过"筛选"功能筛选出符合条件的员工。

3．任务实现

（1）制作企业培训成绩表。

将相关素材复制到"D\学号 007\WPS 表格项目\WPS 表格素材"文件夹中，打开"企业新入职员工培训成绩表"。

①运用公式计算"总成绩"（总成绩=基础知识*50%+实践能力*30%+表达能力*20%），要求员工总成绩的单元格格式为数值型，保留小数点后 2 位。

②所有单元格数据居中对齐。

③给 A2:E12 添加黑色单框线。

④制作 3 个 Sheet1 工作表的备份，分别命名为成绩统计分析表、成绩比较表、成绩筛选表。

⑤保存并退出，效果如图 4.1.1 所示。

企业新入职员工培训成绩表				
工号	基础知识（占50%）	实践能力（占30%）	表达能力（占20%）	总成绩
S01	90	89	83	88.30
S02	80	78	95	82.40
S03	87	96	81	88.50
S04	81	75	80	79.00
S05	92	85	76	86.70
S06	85	75	82	81.40
S07	79	91	73	81.40
S08	88	82	91	86.80
S09	85	79	80	82.20
S10	70	90	75	77.00

图 4.1.1　"企业新入职员工培训成绩表"工作表

（2）成绩统计分析。

①切换到"成绩统计分析表"工作表，使用条件格式将员工总成绩高于 85 分的单元格填充浅红色底纹。

②在 A13 单元格中输入文本"最高分",在 A14 单元格中输入文本"最低分",给 A13:E14 添加黑色单框线。

③求出基础知识、实践能力、表达能力、总成绩的最高分、最低分,将结果填入相应的单元格中,如图 4.1.2 所示。

企业新入职员工培训成绩表				
工号	基础知识(占50%)	实践能力(占30%)	表达能力(占20%)	总成绩
S01	90	89	83	88.30
S02	80	78	95	82.40
S03	87	96	81	88.50
S04	81	75	80	79.00
S05	92	85	76	86.70
S06	85	75	82	81.40
S07	79	91	73	81.40
S08	88	82	91	86.80
S09	85	79	80	82.20
S10	70	90	75	77.00
最高分	92	96	95	88.5
最低分	70	75	73	77

图 4.1.2 "成绩统计分析表"工作表

(3)比较员工成绩。

①切换到"成绩比较表"工作表,制作员工总成绩三维簇状柱形的图表,形象地比较新入职员工的培训总成绩。

②修改图表标题、添加数据标签,效果如图 4.1.3 所示。

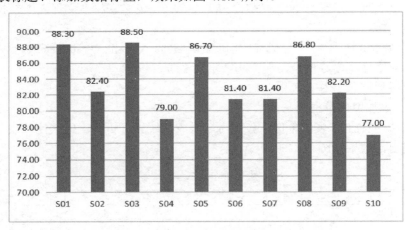

图 4.1.3 "成绩比较表"工作表

(4)按条件筛选员工。

①切换到"成绩筛选表"工作表,应用"条件格式"命令。

②筛选条件:总成绩高于 85 分,并且实践能力高于 85 分的员工,如图 4.1.4 所示。

企业新入职员工培训成绩表				
工号	基础知识(占50%)	实践能力(占30%)	表达能力(占20%)	总成绩
S01	90	89	83	88.30
S03	87	96	81	88.50
S05	92	85	76	86.70

图 4.1.4 "成绩筛选表"工作表

实训二　产品销售情况表

1．任务描述

数据透视表可以根据需要将大量数据源通过关键字段进行筛选，提取想要的数据，并对数据进行汇总，以便按当前需要筛选各种数据。

2．技术分析

制作企业利润情况统计分析表的基本过程如下：

（1）打开工作簿。

（2）插入数据透视表，选择表和放置数据透视表的位置。

（3）选择相应字段，生成数据透视表。

（4）插入需要计算的新字段，并定义公式计算得到相应结果。

3．任务实现

（1）将相关素材复制到"D:\学号 007\WPS 表格项目\WPS 表格素材"文件夹中，打开"产品销售情况表.XLSX"。

（2）单击 J1 单元格，选择"插入"菜单中的数据透视表，插入数据透视表。

（3）选择"产品销售情况表"A1:G37 区域，并选择放置数据透视表的位置为"现有工作表"。

（4）选择数据透视表字段，分别勾选"季度""产品名称""销售数量""销售额（万元）"复选框。

（5）把"产品名称"拖曳到筛选器，并把"季度"拖曳到行，如图 4.2.1 所示。

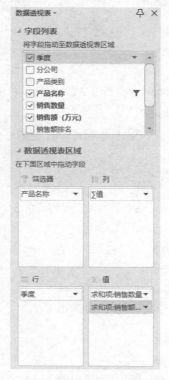

图 4.2.1　"数据透视表"字段列表和区域

（6）单击 J4 单元格，将"行"标签修改为季度，选择产品名称为电冰箱，即可查看电冰箱这 3 个季度的销售数量总计、销售额（万元）总计，如图 4.2.2 所示。

产品名称	电冰箱		
季度	求和项:销售数量		求和项:销售额（万元）
1	262		73.371
2	237		63.297
3	225		62.307
总计	724		198.975

图 4.2.2　"数据透视表"求和结果

（7）选择数据透视表中的"分析"选项，单击"字段、项目"按钮，并选择"计算字段"选项，添加名称为"平均销售额（万元）"的新字段，应用插入字段，编辑公式"="销售额（万元）'/销售数量"，即可在行中按季度统计出平均销售额（万元），如图 4.2.3 和图 4.2.4 所示。

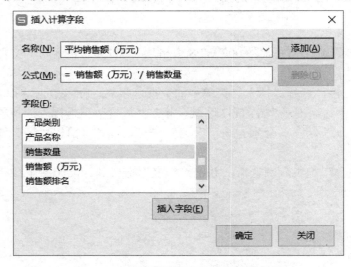

图 4.2.3　"数据透视表"插入计算字段

产品名称	电冰箱			
季度	求和项:销售数量	求和项:销售额（万元）	求和项:平均销售额（万元）	
1	262	73.371	0.280041985	
2	237	63.297	0.267075949	
3	225	62.307	0.27692	
总计	724	198.975	0.274827348	

图 4.2.4　"数据透视表"平均销售额（万元）

实训三　员工工资统计分析表

1. 任务描述

李红是公司计财科的员工，每个月都要统计公司员工的工资，她使用 WPS 2019 表格可以快速完成工作。

2. 技术分析

（1）通过公式和函数计算出应发工资和实发工资。

（2）通过分类汇总计算每个部门的平均工资。

3．任务实现

（1）打开素材"公司员工工资表"工作表。

（2）用函数计算"应发工资"，用公式计算"实发工资"，效果如图 4.3.1 所示。

公司员工工资表

序号	领用人	部门	性别	基本工资	奖金	应发工资	考勤扣款	实发工资
1	张雪	市场部	女	3000	2000	5000	0	5000
2	黄宇飞	办公室	男	3500	1500	5000	100	4900
3	王蓝	人事部	男	3200	1200	4400	0	4400
4	赵云	策划部	男	2800	1800	4600	100	4500
5	贺佳	市场部	女	3000	1900	4900	0	4900
6	郑军	市场部	男	3500	2000	5500	0	5500
8	刘冬岩	办公室	男	3000	1800	4800	50	4750
9	张嘉敏	策划部	女	3200	1500	4700	0	4700
10	敦晓岚	后勤部	女	2800	2000	4800	200	4600
11	夏杰	办公室	男	2800	1500	4300	0	4300
12	孟琼	人事部	女	3500	1800	5300	0	5300
13	姜慧	市场部	女	3200	1900	5100	150	4950
14	何明明	市场部	男	3000	1800	4800	0	4800
15	李江海	后勤部	男	3500	1700	5200	0	5200

图 4.3.1　"公司员工工资表"工作表

（3）复制"公司员工工资表"工作表，重命名为"公司员工工资统计分析表"，通过"排序"功能，按部门"降序"排序；通过分类汇总功能计算出每个部门的平均工资，效果如图 4.3.2 所示。

序号	领用人	部门	性别	基本工资	奖金	应发工资	考勤扣款	实发工资
1	张雪	市场部	女	3000	2000	5000	0	5000
5	贺佳	市场部	女	3000	1900	4900	0	4900
6	郑军	市场部	男	3500	2000	5500	0	5500
13	姜慧	市场部	女	3200	1900	5100	150	4950
14	何明明	市场部	男	3000	1800	4800	0	4800
		市场部 平均值		3140	1920	5060	30	5030
3	王蓝	人事部	男	3200	1200	4400	0	4400
12	孟琼	人事部	女	3500	1800	5300	0	5300
		人事部 平均值		3350	1500	4850	0	4850
10	敦晓岚	后勤部	女	2800	2000	4800	200	4600
15	李江海	后勤部	男	3500	1700	5200	0	5200
		后勤部 平均值		3150	1850	5000	100	4900
4	赵云	策划部	男	2800	1800	4600	100	4500
9	张嘉敏	策划部	女	3200	1500	4700	0	4700
		策划部 平均值		3000	1650	4650	50	4600
2	黄宇飞	办公室	男	3500	1500	5000	100	4900
8	刘冬岩	办公室	男	3000	1800	4800	50	4750
11	夏杰	办公室	男	2800	1500	4300	0	4300
		办公室 平均值		3100	1600	4700	50	4650
		总平均值		3142.8571	1742.8571	4885.7143	42.857143	4842.857143

图 4.3.2　"公司员工工资统计分析表"工作表

（4）存盘并退出。

项目 5　WPS 演示的运用

标准化试题

1. 在 WPS 演示中，若为幻灯片中的对象设置放映时的动画为"飞入"，应在（1　）选项卡中编辑。如将某幻灯片中的"横排"文本更改为"竖排"文本，应在（2　）选项卡中编辑。

（1）A．"动画"　　　　　　　　　　B．"设计"
　　　C．"自定义放映"　　　　　　　D．"幻灯片放映"
（2）A．"视图"　　　　　　　　　　B．"插入"
　　　C．"开始"　　　　　　　　　　D．"幻灯片放映"

2. 在 WPS 演示的各种视图中，显示单个幻灯片能进行文本编辑的视图是（　　　）。能对幻灯片进行移动、删除、添加、复制、设置动画效果，但不能编辑幻灯片中具体内容的视图是（　　　）。

A．普通视图　　　　　　　　　　B．幻灯片浏览
C．幻灯片放映　　　　　　　　　D．以上都不是

3. 如果要使某个幻灯片与其母版不同，则（　　　）。

A．是不可以的　　　　　　　　　B．设置该幻灯片不使用母版
C．直接修改该幻灯片　　　　　　D．重新设置母版

4. 当保存演示文稿时，出现"另存为"对话框，则说明（　　　）。

A．保存该文件时不能用该文件原来的文件名
B．不能保存该文件
C．未保存过该文件
D．已经保存过该文件

5. 在放映演示文稿过程中要结束放映，最简单的方法是按（1　）键；要从第一张幻灯片开始放映演示文稿，最简单的方法是按（2　）键。

（1）A．Ctrl+E　　　B．Esc　　　　　　C．Enter　　　　　　D．空格
（2）A．F1　　　　　B．F4　　　　　　C．F8　　　　　　　D．F5

6. 编辑"幻灯片母版"的命令位于（　　　）选项卡中。

A．"视图"　　　　　　　　　　　B．"幻灯片放映"
C．"格式"　　　　　　　　　　　D．"插入"

7. 下列 WPS 演示中关于编辑图片的说法错误的是（　　　）。

A．绘制矩形时，同时按 Shift 键可以画出标准的正方形
B．绘制完图形后，在它的边缘会出现 8 个小圆圈，用鼠标拖动小圆圈可以改变图形的形状和大小
C．绘制曲线时，单击生成转折点，双击结束绘制曲线
D．改变图形的填充颜色，只能采用"标准"的颜色而不能采用"自定义"的颜色

8. 在 WPS 演示中，要选定多个图形时，需（　　），然后用鼠标单击要选的图形对象。

    A. 先按住 Alt 键   B. 先按住 Home 键

    C. 先按住 Shift 键   D. 先按住 Ctrl 键

9. 下列关于演示文稿的说法不正确的是（　　）。

    A. 演示文稿由若干张幻灯片组成

    B. 演示文稿可以没有幻灯片，直接由文字、图片等对象组成

    C. 幻灯片由文字、图片等对象组成

    D. 演示文稿中允许存在空白幻灯片

10. 不能作为 WPS 演示文稿插入对象的是（　　）。

    A. 图表   B. Excel 工作簿

    C. 视频   D. Windows 操作系统

11. 剪切幻灯片先要选中当前幻灯片，然后（　　）。

    A. 单击"开始"选项卡的"剪贴板"选项组中的"清除"按钮

    B. 单击"开始"选项卡的"剪贴板"选项组中的"剪切"按钮

    C. 按住 Shift 键，然后利用拖放控制点

    D. 按住 Ctrl 键，然后利用拖放控制点

12. 要一次为所有幻灯片添加相同的切换效果，可单击"切换"选项卡的"计时"选项组中的（　　）按钮。

    A. "自动预览"   B. "幻灯片放映"

    C. "应用到全部"   D. "播放"

13. 在当前演示文稿中要新增一张幻灯片，采用（1　）方式。在空白版式的幻灯片中不可以直接插入（2　）。

    （1）A. 选择"文件"──"新建"选项

          B. 选择"插入"──"新幻灯片"选项

          C. 选择"开始"──"新建幻灯片"选项

          D. 选择"插入"──"新幻灯片（从文件）"选项

    （2）A. 文本框   B. 文字   C. 艺术字   D. 表格

14. 打印演示文稿时，如在"打印设置"选项中选择"讲义"，则说明每页打印纸上最多能选择输出（1　）张幻灯片。以下选项中不是合法的"打印内容"的是（2　）。

    （1）A. 3   B. 6   C. 9   D. 12

    （2）A. 幻灯片   B. 备注页   C. 讲义   D. 幻灯片浏览

15. 如果只想放映演示文稿中的部分幻灯片，则要选择（　　），再进行下一步的设置。

    A. "编辑"选项卡中的"自定义放映"选项

    B. "幻灯片放映"选项卡的"开始放映幻灯片"选项组中的"自定义放映"选项

    C. "幻灯片放映"选项卡的"开始放映幻灯片"选项组中的"观看放映"选项

    D. "插入"选项卡中的"自定义放映"选项

16. 下列操作中，（　　）不是退出 WPS 演示的操作。

    A. 单击"文件"选项卡的"关闭"命令

    B. 单击"文件"选项卡的"退出"命令

    C. 按组合键 Alt+F4

    D. 单击 WPS 演示窗口右上角的"关闭"按钮

17. 在 WPS 演示中，要描画任意曲线的图形，应该使用"开始"选项卡的"绘图"选项组中的（1 ）选项；要将一个矩形的线条设置成虚线，应该设置该矩形的（2 ）；为了将两个自选图形组成一个图形，应该选择"格式"选项卡中"排列"选项组的（3 ）选项；要改变三个重叠在一起的图形的层次关系，必须使用如下操作（4 ）；要为一个矩形设置图案，应该选择"绘图选项"中的（5 ）按钮；为了使每张幻灯片上都有一张相同的图片，最方便的方法是通过（6 ）来实现。

（1）A."自由曲线"　　　　　　　　B."基本形状"
　　　C."标注"　　　　　　　　　　D."连接符"
（2）A. 填充　　　　　　　　　　　B. 形状轮廓
　　　C. 颜色　　　　　　　　　　　D. 阴影
（3）A."改变自选图形"　　　　　　B."对齐与分布"
　　　C."组合"　　　　　　　　　　D."基本形状"
（4）A. 对齐
　　　B. 分布
　　　C. 用鼠标拖曳图形叠放
　　　D. 单击"格式"选项卡中的"排列"选项组的"上移一层"或"下移一层"
（5）A."阴影"　　B."线型"　　　　C."三维效果"　　　D."形状填充"
（6）A. 在幻灯片母版中插入图片　　B. 在幻灯片中插入图片
　　　C. 在模板中插入图片　　　　　D. 在版式中插入图片

18. 下列（　　　）不是 WPS 演示视图。
　　A. 普通视图　　　　　　　　　　B. 备注页
　　C. 幻灯片浏览　　　　　　　　　D. 大纲视图

19. 在 WPS 演示中对艺术字的文字进行编辑，正确的操作是（1 ）；对于 WPS 演示中文本的编辑，错误的说法是（2 ）。在幻灯片放映时，用户可以利用绘图笔在幻灯片上写字或画画，同时这些内容（3 ）。在 WPS 演示中，对于字体格式的设置，正确的说法是（4 ）。要使每张幻灯片的标题具有相同的字体格式、有相同的图标，应通过（5 ）快速实现。

（1）A. 双击要编辑的艺术字，在弹出的"编辑艺术字"对话框中进行修改
　　　B. 将鼠标移动到艺术字的上方，双击鼠标右键即可进行修改
　　　C. 将鼠标移动到艺术字的上方，单击鼠标右键即可进行修改
　　　D. 和普通的文本一样编辑，单击要编辑的艺术字即可进行修改
（2）A. 在 WPS 演示中，可以用文本占位符、文本框和自选图形等添加文本
　　　B. 在 WPS 演示中，艺术字的编辑方法和普通文本的编辑方法是完全不相同的
　　　C. 给 WPS 演示的文本设置字体、字号、字形称为文本的格式化
　　　D. WPS 演示中的文本可以为其设置动画显示
（3）A. 切换幻灯片后不会擦去　　　　B. 自动保存到演示文稿中
　　　C. 在本次演示中可以擦除　　　　D. 在本次演示中不可擦除
（4）A. 文本框内文本的字体必须一致，字号可以不同
　　　B. 文本框内文本的字体可以不同，字号必须一致
　　　C. 文本框内文本的字体、字号必须一致
　　　D. 文本框内文本的字体、字号均可以不同
（5）A. 编辑"幻灯片母版"　　　　　　　B. 编辑"版式"

C．编辑"背景"　　　　　　　　　　　　D．编辑"字体"

20．WPS 演示是一种（1　）软件，其运行的平台是（2　），文档的默认扩展名是（3　）。由 WPS 演示产生的（4　）类型文件，可以在 Windows 环境下双击而直接放映，如要终止幻灯片的放映，可直接按（5　）键，对于不准备放映的幻灯片可以用（6　）选项卡的"开始放映幻灯片"选项组中的"隐藏幻灯片"命令隐藏。

（1）A．图像处理　　B．表格处理　　　C．文字处理　　　　D．演示文稿制作
（2）A．DOS　　　　B．Windows　　　C．Linux　　　　　D．UNIX
（3）A．.docx　　　　B．.xls　　　　　C．.pptx　　　　　D．.pot
（4）A．.ppt　　　　　B．.ppsx　　　　C．.pot　　　　　D．.ppa
（5）A．Ctrl+C　　　B．Esc　　　　　C．End　　　　　D．Alt+F4
（6）A．"幻灯片放映　　　　　　　　　B．"工具"
　　　C．"视图"　　　　　　　　　　　D．"编辑"

21．关于 WPS 演示中文字编辑的说法中，错误的是（　　　）。

A．单击 WPS 演示的"插入"选项卡的"文本"选项组中"文本框"的箭头按钮，在下拉列表中可选择"横排文本框"和"垂直文本框"选项，"横排文本框"是使文字以通常的横向排列显示；"垂直文本框"是使文字从上到下纵向排列

B．在一个演示文稿的幻灯片之间移动或复制文本，采用鼠标拖动的方式比较方便

C．将鼠标移动到要修改的文字处单击一下就会出现一个闪动的光标，此处可以直接输入要加入的文字（或符号）

D．选定要移动或复制的文本内容。如果要移动该文本，按下鼠标左键不放并将其拖至新位置。如果要复制文本，则按住 A1t 键+鼠标左键不放，拖动文本至复制的新位置

22．在 WPS 演示中，为了在切换幻灯片时添加切换效果，可以使用（1　）选项卡的"切换到此幻灯片"选项组中的相关命令；为了在切换幻灯片时添加声音，可以使用（2　）选项卡的"媒体"选项组中的"音频"命令；为了给文本、图形等对象设置动画效果，可用（3　）选项卡的"高级动画"选项组中的"添加动画"命令；若要准确调整图形的位置，最好（4　）；要将三个图形按平均间隔放置，最好在"格式"选项卡的"排列"选项组中，选择"对齐"下拉菜单中的（5　）选项。关于图像的说法错误的是（6　）。

（1）A．"切换"　　B．"动画"　　　　C．"插入"　　　　D．"格式"
（2）A．"幻灯片放映"　　　　　　　　B．"插入"
　　　C．"工具"　　　　　　　　　　　D．"编辑"
（3）A．"工具"　　B．"动画"　　　　C．"格式"　　　　D．"视图"
（4）A．选定图形，拖曳图形控点
　　　B．在"设置自选图形格式"对话框中进行
　　　C．在"设置图片格式"对话框中选择"位置"选项，并对其数值进行微调
　　　D．直接拖曳图形
（5）A．叠放次序　　　　　　　　　　　B．顶端对齐
　　　C．分别拖动图形到相应位置　　　D．横向分布
（6）A．通过扫描、数码拍摄等方法获得的图片都属于图像
　　　B．图像也称为位图、点阵图或光栅图像，是由一系列像素组成的图片
　　　C．常见的图像文件格式主要有.bmp、.jpg 或.gif 等
　　　D．当改变图像的大小时，该图像的清晰度不会改变

23．下列说法中错误的是（　　）。

　　A．启动 WPS 演示的方法只有两类："开始"菜单和 WPS 演示快捷方式

　　B．WPS 演示的"空白演示文稿"选项，提供用空白幻灯片创建演示文稿的途径

　　C．WPS 演示的"主题"选项，提供快速创建固有主题演示文稿的途径

　　D．WPS 演示的"样本模板"选项，提供使用模板方式创建演示文稿的途径

24．在 WPS 演示中，下列关于选定幻灯片的说法错误的是（　　）。

　　A．在幻灯片浏览视图中单击，即可选定

　　B．要选定多张不连续的幻灯片，在幻灯片浏览视图下按住 Ctrl 键并单击各幻灯片即可

　　C．在幻灯片浏览视图中，若要选定所有幻灯片，应使用组合键 Ctrl+A

　　D．在幻灯片放映视图中，也可以选定多张幻灯片

25．在 WPS 演示的幻灯片浏览视图中，不能完成的操作是（　　）。

　　A．调整个别幻灯片位置　　　　　　　B．删除个别幻灯片

　　C．复制个别幻灯片　　　　　　　　　D．编辑个别幻灯片内容

26．在 WPS 演示中，"背景"设置的"填充效果"所不能处理的效果是（　　）。

　　A．图片　　　　　　B．图案　　　　　C．文本和线条　　　D．纹理

27．在 WPS 2010 演示中按照提示快速完成一份演示文稿时可以在"文件"选项卡的"新建"选项中的"可用的模板和主题"窗口中选择（1　）。如选择（2　），可以从一个空白文稿开始建立各种幻灯片。如果要为幻灯片设置版面格式，应该选择"开始"选项卡中"幻灯片"选项组中的（3　）选项。如果要为演示文稿快捷地设定整体、专业的外观，应该尝试使用不同的（4　）。使用（5　）选项卡中的"背景样式"命令改变幻灯片的背景。

　　（1）A．打开演示文稿　　　　　　　B．空白演示文稿

　　　　　C．根据设计模板　　　　　　　D．样本模板

　　（2）A．打开演示文稿　　　　　　　B．根据设计模板

　　　　　C．空白演示文稿　　　　　　　D．根据内容提示向导

　　（3）A．"配色方案"　　　　　　　　B．"占位符"

　　　　　C．"版式"　　　　　　　　　　D．"背景"

　　（4）A．设计主题　　　　　　　　　　B．配色方案

　　　　　C．占位符　　　　　　　　　　D．背景

　　（5）A．"幻灯片放映"　　　　　　　B．"工具"

　　　　　C．"视图"　　　　　　　　　　D．"设计"

28．在 WPS 演示中，下列（1　）对象可以创建超级链接，其超级链接可以指向（2　）。

　　（1）A．图形、图片　　　　　　　　　B．文本、形状

　　　　　C．表格　　　　　　　　　　　　D．包括以上三种的各种对象

　　（2）A．WWW 站点或 FTP 站点　　　B．HTML 文档

　　　　　C．其他 Office 文档　　　　　　D．以上全部均可

29．使用下面（　　）选项能创建一个新的幻灯片文件。

　　A．"主题"　　　　B．"空白幻灯片"　　C．"样本模板"　　　D．以上都可以

30．下列关于幻灯片浏览视图的描述不正确的是（　　）。

　　A．可以对幻灯片进行移动、删除、添加、复制、设置动画效果

　　B．不能编辑幻灯片中的具体内容

　　C．既可以对幻灯片进行移动、删除、添加、复制、设置动画效果，也可以编辑幻灯片中

的具体内容

    D．不能自动放映幻灯片

31．用 WPS 演示的"开始"选项卡的"绘图"选项组中的绘图选项可以绘制出（　　）。

    A．任意多边形　　　　　　　　　　B．双箭头

    C．自由曲线　　　　　　　　　　　D．以上都可以

32．设置"切换"选项卡的"切换到此幻灯片"选项组中的各切换选项是指（　　）。

    A．每张幻灯片放映的时间长短

    B．设置各张幻灯片的出场顺序

    C．分别定义动画对象的出现顺序和效果

    D．定义当前选择的幻灯片的切换方式

33．在 WPS 演示中，若需将幻灯片从打印机输出，可以用下列组合键（　　）。

    A．Shift+P　　　　　B．Ctrl+P　　　　　C．Alt+P　　　　　D．Shift+C

34．若要统一改变所有幻灯片文本的格式及背景，可以在幻灯片（1　）下进行改变；若要对"母版"进行编辑，可在 WPS 演示的（2　）选项卡的"母版视图"选项组中，选择"幻灯片母版"选项。

    （1）A．母版　　　　B．浏览图　　　　C．大纲视图　　　　D．普通视图

    （2）A．"编辑"　　　B．"插入"　　　　C．"格式"　　　　D．"视图"

实训操作题

实训一　述职报告

1．任务描述

为了更好地提高学生制作 PPT 技巧和实践能力，现制作一份学生会干部任职一年的述职报告。述职报告是述职者展示自我、实现自我的良好平台。

制作完成的学生会干部述职报告演示文稿实例共由 5 张幻灯片框架组成，效果如图 5.1.1 所示。

图 5.1.1　"述职报告"演示文稿效果

2. 技术分析

在 WPS 组件中,PPT 适用于材料展示,如学术演讲、论文答辩、项目论证、产品展示、个人或公司介绍等,这是因为 PPT 所创建的演示文稿具有生动活泼、形象逼真的动画效果,能像幻灯片一样进行放映,具有很强的感染力。

制作之前先把自己需要演讲的内容进行整理,列出演讲的大纲,然后将这些材料集文字、表格、图形、图像及声音于一体,并以页面(幻灯片)的形式组织起来,向大家播放。

3. 任务实现

下面使用 PPT 制作"述职报告"的演示文稿。

1)创建演示文稿

将相关素材复制到"D\学号 007\PPT 项目\PPT 素材"文件夹中。

(1)启动 PPT,新建演示文稿,选择"文件"→"新建"→"演示"→"新建空白文档",在"设计"选项卡的"更多设计"中选择"模板",如图 5.1.2~图 5.1.4 所示。

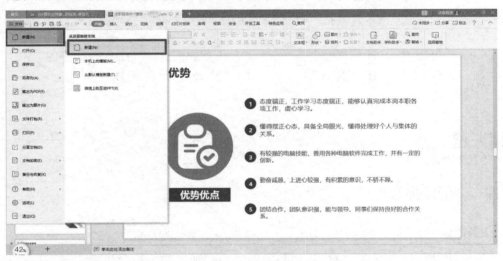

图 5.1.2　新建演示文稿(1)

图 5.1.3　新建演示文稿(2)

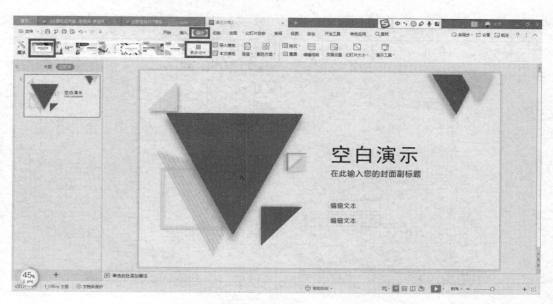

图 5.1.4 设置"更多设计"的"模板"

（2）将演示文稿命名为"述职报告.pptx"并保存。

2）编辑幻灯片

（1）在第 1 张幻灯片中设置背景图片，单击"设计"选项卡的"背景"选项下拉小箭头中的"背景"按钮。在弹出的右侧选项卡中选中"图片或纹理填充"单选项。在"图片填充"中选择所要填充的图片，如图 5.1.5 所示。

图 5.1.5 设置幻灯片背景

（2）在背景幻灯片的后面插入一张新幻灯片，从"设计"选项卡的版式选项中，选择符合自己编辑要求的版式，添加文字，标题文字设置为"隶书（标题），36 磅，深红"，正文文字设置为"华文楷体（正文），32 磅，深蓝，文字 2"，并对文字添加项目符号，如图 5.1.6 所示。

图 5.1.6　设置版式

（3）在第 2 张幻灯片后面插入一张新幻灯片，版式为"仅标题"，单击"插入"→"智能图形"→"基本列表"，并修改文字内容。

（4）在第 3 张幻灯片后面插入一张新幻灯片，版式为"标题与内容"，添加文字，单击"插入"→"智能图形"→"图片条纹"，并修改文字内容。

（5）在第 7 张幻灯片后面插入一张新幻灯片，版式为"标题与内容"，添加文字，单击"插入"→"智能图形"→"循环"，并修改文字内容，左边圆圈区域依次添加文本框分别输入序号 1、2、3、4，文字设置为"华文楷体，18 磅，红色"，右边文本文字设置为"华文楷体，28 磅，白色"。

（6）在第 8 张幻灯片后面插入一张新幻灯片，版式为"标题与内容"，添加文字，小标题文字设置为"华文楷体，20 磅，红色"，正文文字设置为"华文楷体，18 磅，黑色"，并添加项目符号。

（7）在第 12 张幻灯片后面插入一张新幻灯片，版式为"标题与内容"，添加文字，单击"插入"→"智能图形"→"形状"，在弹出的选项卡"绘图工具"中选择"形状效果"选项，绘制一个合适大小的圆角矩形，选择圆角矩形形状，在"绘图工具"的"格式"面板中选择"形状填充"，"蓝色，强调文字颜色 1，淡色 80%"，"形状效果"和"映像，紧密映像，接触"选项进行设置。在圆角矩形中间插入文本框，添加文字，文字设置为"华文楷体，32 磅，蓝色"，并对文字设置红色心形项目符号。

（8）在第 19 张幻灯片中插入一张新幻灯片，版式为"标题幻灯片"，插入艺术字，文字设置为"隶书（标题），60 磅"，艺术字样式设置为"填充-蓝色，强调文字颜色 2，粗糙棱台"，将文字放置到合适的位置。

（9）分别选中第 3 页"目录"中的文字"工作回顾""自我评价""工作体会""致谢"设置超链接至第 4 页、第 11 页、第 14 页、第 19 页（插入超级链接见图 5.1.7），在这 4 页幻灯片的左下角插入一个形状，设置超链接，返回第 3 页。

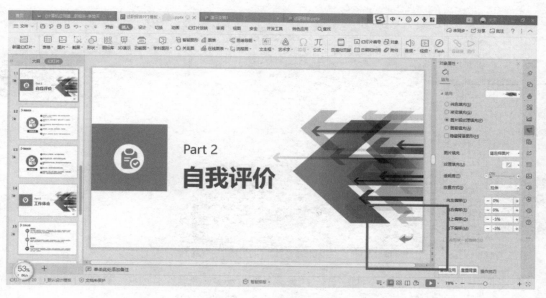

图 5.1.7　插入超级链接

3）设置动画效果

（1）选中第 1 张幻灯片中间主标题的文字，在"动画"选项卡中设置"飞入"进入效果。选中其他文字，在"动画"选项卡中设置"向内溶解"进入效果，为文字添加动画效果。

（2）选中第 4 张幻灯片中间的图形，在"动画"选项卡中设置"变淡"进入效果。

（3）选中第 9 张幻灯片的文字，在"动画"选项卡中设置"翻转式由远及近"进入效果，为文字添加动画效果。

（4）选中第 10 张幻灯片中间的图形，在"动画"选项卡中设置"擦除"进入效果，效果选项为自底部。选中幻灯片中间文字，在"动画"选项卡中设置"螺旋飞出"进入效果。

（5）选中第 11 张幻灯片中间的图形，在"动画"选项卡中设置"擦除"进入效果，效果选项为自顶部，为图片添加动画效果。

（6）选中第 15 张幻灯片中"工作心得"段落文字，在"动画"选项卡中设置"变淡"进入效果。选中"新的定位"段落文字，在"动画"选项卡中设置"飞入"进入效果，为文字添加动画效果。

4）设计幻灯片的切换效果

选择"切换"选项卡，设置幻灯片切换样式为"擦除"，在"计时"分组，单击"全部应用"按钮，将上述设置应用到整个演示文稿，完成演示文稿的制作。

实训二　家乡美

1．任务描述

新学期开学伊始，为了促进同学间的交流，学院团委组织了"家乡美"的主题活动，通过幻灯片演示、才艺表演等方式展示家乡风采。学生张桂林来自桂林市，积极参加活动并制作了自己的"家乡美"演示文稿。

制作完成的家乡美演示文稿实例由 6 张幻灯片组成，效果如图 5.2.1 所示。

图 5.2.1 "家乡美"演示文稿效果

2. 技术分析

在用 WPS 制作"家乡美"演示文稿时，除设计出精美的画面外，还要设计动画效果和背景音乐。因此在制作"家乡美"演示文稿前，先要收集素材，即文字、图片和声音，这些素材可以从网上收集，也可使用专用软件（如 Photoshop 等）自己制作，然后再设计播放的顺序。

3. 任务实现

下面使用 WPS 制作"家乡美"的演示文稿。

1）创建演示文稿

将相关素材复制到"D:\学号 007\PPT 项目\PPT 素材"文件夹中。

（1）新建空白演示文稿，在"设计"选项卡中选择"中国风通用模板"选项；或者选择"导入模板"（PPT 素材里模板 1），并在"开始"选项卡中选择相应的版式。

（2）将演示文稿命名为"家乡美.pptx"并保存。

2）编辑幻灯片

（1）在第 1 张幻灯片中插入"封面.jpg"图片，并在图片左方插入垂直文本框，录入文字，文字设置为"华文行楷，28 磅，文字颜色深蓝，文字 2，淡色 10%"，添加文字阴影。

（2）在第 1 张幻灯片后面插入一张新幻灯片，版式为"标题与内容"，插入艺术字作为标题，文字设置为"华文行楷，54 磅"，艺术字样式设置为"填充-蓝-灰，强调文字颜色 1，金属棱台，映像"，标题下方插入文本框，录入正文文字，文字设置为"华文楷体，18 磅，黑色"，并在幻灯片左方插入 SmartArt 图形——流程——圆箭头流程，修改图形颜色，修改文字内容，其中的"风景""民俗""美食"分别超链接到后面的相应幻灯片，在幻灯片左下方插入一个形状，设置超链接至第 6 张幻灯片。

（3）在第 2 张幻灯片后面插入一张新幻灯片，版式为"标题与内容"，录入标题，文字设置为"隶书，44 磅，蓝色"，添加文字阴影，小标题文字设置为"华文行楷，16 磅，加粗，文字颜色深蓝，文字 2，淡色 25%"，正文文字设置为"华文行楷，16 磅"，分别在小标题前插入项目符号，右边依次插入图片"象鼻山.jpg""日月双塔.jpg""过龙河.jpg"，调整大小选择"多图轮播"中的"bannor 式大图轮播"，在幻灯片右下方插入一个形状，设置超链接至第 2 张幻灯片。

（4）复制第 3 张幻灯片，修改，完成第 4 张和第 5 张幻灯片的制作。

（5）在第 5 张幻灯片后面插入一张新幻灯片，版式为"节标题"，插入艺术字，中文文字设置为"华文行楷，80 磅"，艺术字样式设置为"填充-蓝-灰，强调文字颜色 2，粗糙棱台"，将文字放置合适的位置，插入艺术字输入英文，文字设置为"方正舒体，32 磅"，艺术字样式设置为"填充-蓝-灰，强调文字颜色 2，粗糙棱台"，将文字放置合适的位置。

3）设置动画效果

（1）选中第 1 张幻灯片右边的图片，在"动画"选项卡中设置"随机线条"进入效果，效果选项为"垂直"，为图片添加动画效果。选中左边文字，在"动画"选项卡中设置"向内溶解"进入效果，为文字添加动画效果。

（2）选中第 2 张幻灯片主标题，在"动画"选项卡中设置"飞入"进入效果，效果选项为"自左上部"。选中幻灯片正文文字，在"动画"选项卡中设置"淡出"进入效果。选中幻灯片中的 SmartArt 图形，在"动画"选项卡中设置"缩放"进入效果。

（3）选中第 3 张幻灯片中的标题，在"动画"选项卡中设置"飞入"进入效果，效果选项为"自左侧"。选中幻灯片正文，在"动画"选项卡中设置"浮入"进入效果，效果选项为"上浮"。选中幻灯片右上图片，在"动画"选项卡中设置"飞入"进入效果，效果选项为"自右侧"。选中幻灯片右中图片，在"动画"选项卡中设置"翻转式由远及近"进入效果。选中幻灯片右下图片，在"动画"选项卡中设置"缩放"进入效果。

（4）给第 4 张和第 5 张幻灯片中的文字图片设置相应的动画效果（可自选）。

（5）选中第 6 张幻灯片的"桂林欢迎您！"，在"动画"选项卡中设置"翻转式由远及近"进入效果。选中幻灯片的"Welcome to Guilin"，在"动画"选项卡中设置"弹跳"进入效果。

（6）在第 1 张幻灯片中插入背景音乐。在"媒体"选项卡的"音频"中，选择"嵌入音频"选项如图 5.2.2 所示，打开"背景音乐.mp3"为幻灯片添加背景音乐。选中幻灯片中的音频图标，在"播放"选项卡中设置为"开始：跨幻灯片播放""循环播放，直到停止""放映时隐藏"，如图 5.2.3 所示。

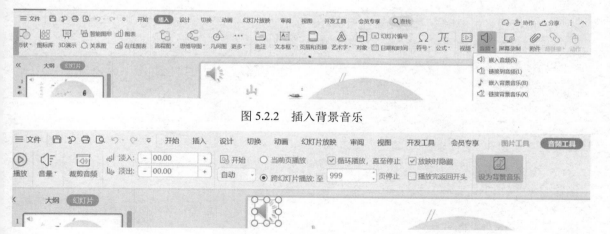

图 5.2.2　插入背景音乐

图 5.2.3　设置音频的播放效果

（7）设计幻灯片的切换效果。

给各个页面设置不同的切换效果（可自选），完成演示文稿的制作。

※实训三　毕业答辩

1．任务描述

大学临近毕业，学生们除了撰写毕业论文，还要进行现场答辩，于是学生黎武制作了毕业答辩的演示文稿。

制作完成的毕业答辩演示文稿实例由 13 张幻灯片组成，效果如图 5.3.1 所示。

图 5.3.1　"毕业答辩"的演示文稿效果

2．技术分析

在制作答辩演示文稿时，根据自己的论文内容，选择合适的模板和背景可以让论文演示文稿更具有整体感。在制作演示文稿之前，应仔细推敲论文的目录、标题、摘要、结束语等重要内容，论文答辩演示文稿的内容一定要简洁。若需要使用图表中的数据的内容，要先画好流程图或图表，这样才能使演示文稿的效果清晰明了。

3．任务实现

下面使用 WPS 制作"毕业答辩"的演示文稿。

1）创建演示文稿

（1）将相关素材复制到"D：\学号 007\PPT 项目\PPT 素材"文件夹中。

（2）打开"答辩模板.pptx"演示文稿（或者自行在网上下载相关模板）。

（3）将演示文稿命名为"毕业答辩.pptx"并保存。

2）编辑幻灯片

（1）在第 1 张幻灯片的右上角插入"校徽.jpg"图片，并调整合适位置。

（2）在幻灯片普通视图中，为第 1 张幻灯片添加标题，将主标题文字设置为"微软雅黑，40磅，蓝色，加粗"，副标题文字设置为"20 磅"。

（3）在第 2 张幻灯片中添加目录，将目录文字设置为"微软雅黑，18 磅，黑色，加粗"，下一级文字设置为"微软雅黑，16 磅，黑色"。

（4）在第 3 张幻灯片中添加文字内容，将标题文字设置为"微软雅黑，24 磅，黑色，加粗"，小标题文字设置为"微软雅黑，20 磅，黑色，加粗"，正文文字设置为"微软雅黑，18 磅"。

（5）在第 4 张至第 12 张幻灯片中添加相关文字、图片、表格，将标题文字设置为"微软雅黑，24 磅，黑色，加粗"，下一级标题文字设置为"微软雅黑，20 磅，黑色，加粗"，正文文字设置为"微软雅黑，黑色，18 磅"，修改幻灯片左上角目录文字内容，文字设置为"微软雅黑，白色，18磅，加粗"，将第 7 张、第 10 张和第 11 张幻灯片中的重要文字用红色标出。

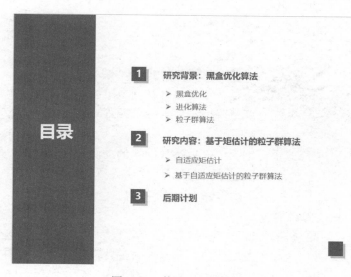

图 5.3.2　修改目录文字内容

（6）给各个页面设置合适的切换效果及相应的动画效果（可自选），完成演示文稿的制作。

※实训四　制作影评

1．任务描述

在影视欣赏课上，教师要求学生撰写观后感，同时要求通过演示幻灯片展示各自的观后感想，于是学生小张制作了"影评"演示文稿。

制作完成的影评演示文稿实例由 6 张幻灯片组成，效果如图 5.4.1 所示。

图 5.4.1　"影评"演示文稿效果

2．技术分析

在制作影评演示文稿时，可根据自己的观后感内容，选择合适的模板、背景，这样可以让影评演示文稿能够体现出电影主题的整体美。在制作演示文稿之前，应依据观后感的撰写思路把握演示文稿的结构，演示文稿中的图片比较多，应选择剧情内容丰富、清晰的图片，必要时可借助图片处理软件进行合适的处理。另外，选择相关的影片曲目制作成背景音乐也会有较好的效果。

3．任务实现

1）创建演示文稿

（1）将相关素材复制到"D:\学号 007\PPT 项目\PPT 素材"文件夹中。

（2）打开"影评模板.pptx"演示文稿（或者自行在网上下载相关模板）。

（3）将演示文稿命名为"哪吒之魔童降世影评.pptx"并保存。

2）编辑幻灯片

（1）在第 1 张幻灯片中修改主标题为"一部耐人回味的动画片"，将文字设置为"华文行楷，54 磅，白色"，副标题为"——《哪吒之魔童降世》"，文字设置为"华文行楷，20 磅，白色"，调整合适位置。

（2）在第 1 张幻灯片中修改背景图片颜色，选中背景，在"设计"面板中选择"背景"的"背景（K）…"选项，在"对象属性"窗口中选择纯色填充，设为"暗板岩蓝，着色 1，深色 50%"，单击"全部应用"按钮，并修改相关色块颜色，删除原有图片，选择合适的图片添加。

（3）在第 2 张幻灯片中修改目录文字内容，将文字设置为"微软雅黑，36 磅，黑色，加粗"，如图 5.4.2 所示。

图 5.4.2　修改目录文字内容

（4）在第 3 张幻灯片中修改图片、文字内容，将标题文字设置为"微软雅黑，36 磅，白色"，右侧文字设置为"微软雅黑，11 磅，白色"，对齐方式设置为"右对齐"，调整合适的位置。将左侧文字设置为"微软雅黑，32 磅，白色"，如图 5.4.3 所示。

图 5.4.3　修改文字内容

（5）在第 4 张幻灯片中修改相关图片，调整图片的高度和宽度，并修改文字内容，将文字设置为"微软雅黑，60 磅，白色"。

（6）在第 5 张幻灯片左侧添加竖排标题文字，将文字设置为"微软雅黑，60 磅，白色，加粗"，修改幻灯片右侧图片和文字，中间方框中的文字设置为"微软雅黑，20 磅，白色，加粗"，其余方框中的文字设置为"微软雅黑，18 磅，白色，加粗"。

（7）在第 6 张幻灯片下端修改标题文字，将文字设置为"微软雅黑，20 磅，橙色"。修改正文文字内容，将文字设置为"微软雅黑，60 磅，白色"，并修改相关图片。

（8）选中第 2 页中的文字"剧情介绍""魔丸与灵珠""我命由我不由天的信念"，分别设置超链接至第 3 页、第 4 页、第 6 页。

（9）给各个页面设置合适的切换效果，以及相应的动画效果（可自选）。

（10）在第 1 张幻灯片中插入背景音乐。单击"插入"，选择"音频"→"嵌入音频"，打开"我命由我不由天.mp3"为幻灯片添加背景音乐。选中幻灯片中的音频图标，在"播放"选项卡中设置为"开始：跨幻灯片播放"，并选择"循环播放，直到停止"和"放映时隐藏"选项，完成演示文稿的制作。

实训五　摄影作品欣赏

1. 任务描述

平时外出游玩时总少不了拍照留念，可以将这些照片用 PPT 制作成一个摄影作品，与朋友一起分享。

2. 技术分析

（1）组织资料。根据制作主题来挑选照片和背景音乐，并通过网络下载适合的幻灯片模板。

（2）列出内容提纲，参考内容如下：

①标题幻灯片；

②导航目录幻灯片；

③欢乐的时光幻灯片；

④美丽的风景幻灯片；

⑤有趣的事情幻灯片；

⑥难忘的时光幻灯片；

⑦ 结束幻灯片。

（3）按照以上内容提纲，组织文字、搭配图片，并选择合适的音乐制作幻灯片。

3. 任务实现

（1）幻灯片应结构合理，风格统一。布局整齐美观大方，内容合适。插入的图片要美观。

（2）导航目录幻灯片要有与其他幻灯片的链接。

（3）根据幻灯片内容和需要为演示文稿设置合适的幻灯片切换及动画效果。

（4）至少要有 7 张幻灯片。

全国计算机等级考试一级

WPS Office 考试大纲（2018 年版）

基本要求

1. 具有微型计算机的基础知识（包括计算机病毒的防治常识）。
2. 了解微型计算机系统的组成和各部分的功能。
3. 了解操作系统的基本功能和作用，掌握 Windows 的基本操作和应用。
4. 了解文字处理的基本知识，熟练掌握 WPS 文字处理的基本操作和应用，熟练掌握一种汉字（键盘）输入方法。
5. 了解电子表格软件的基本知识，掌握 WPS 表格的基本操作和应用。
6. 了解多媒体演示软件的基本知识，掌握 WPS 演示文稿制作的基本操作和应用。
7. 了解计算机网络的基本概念和因特网（Internet）的初步知识，掌握 IE 浏览器和 Outlook Express 的基本操作和使用。

考试内容

一、计算机基础知识

1. 计算机的发展类型及其应用领域。
2. 计算机中数据的表示、存储与处理。
3. 多媒体技术的概念与应用。
4. 计算机病毒的概念、特征、分类和防治。
5. 计算机网络的概念、组成和分类；计算机与网络信息安全的概念和防控。
6. Internet 网络服务的概念、原理和应用。

二、操作系统的功能和使用

1. 计算机软/硬件系统的组成及主要技术指标。
2. 操作系统的基本概念、功能、组成及分类。
3. Windows 操作系统的基本概念和常用术语、文件、文件夹、库等。
4. Windows 操作系统的基本操作和应用。
（1）桌面外观的设置和基本的网络配置。
（2）熟练掌握资源管理器的操作与应用。
（3）掌握文件、磁盘、显示属性的查看、设置等操作。
（4）中文输入法的安装、删除和选用。
（5）掌握检索文件、查询程序的方法。
（6）了解软/硬件的基本系统工具。

三、WPS 文字处理软件的功能和使用

1．文字处理软件的基本概念，WPS 文字的基本功能、运行环境、启动和退出。

2．文档的创建、打开和基本编辑操作，文本的查找与替换，多窗口和多文档的编辑。

3．文档的保存、保护、复制、删除、插入。

4．字体格式、段落格式和页面格式设置等基本操作，页面设置和打印预览。

5．WPS 文字的图形功能，图形、图片对象的编辑及文本框的使用。

6．WPS 文字表格制作功能，表格结构、表格创建、表格中数据的输入与编辑，以及表格样式的使用。

四、WPS 表格软件的功能和使用

1．电子表格的基本概念、WPS 表格的功能、运行环境启动与退出。

2．工作簿和工作表的基本概念，工作表的创建、数据输入、编辑和排版。

3．工作表的插入、复制、移动、更名、保存等基本操作。

4．工作表中公式的输入与常用函数的使用。

5．工作表数据的处理，数据的排序、筛选、查找和分类汇总，数据合并。

6．图表的创建和格式设置。

7．工作表的页面设置、打印预览和打印。

8．工作簿和工作表的数据安全、保护和隐藏操作。

五、WPS 演示软件的功能和使用

1．演示文稿的基本概念、WPS 演示的功能、运行环境的启动与退出。

2．演示文稿的创建、打开和保存。

3．演示文稿视图的使用，演示页的文字编排，图片和图表等对象的插入，演示页的插入、删除、复制，以及演示页顺序的调整。

4．演示页版式的设置，模板与配色方案的套用，母版的使用。

5．演示页放映效果的设置，换页方式及对象动画的选用，演示文稿的播放与打印。

六、Internet 的初步知识和应用

1．了解计算机网络的基本概念和 Internet 的基础知识，主要包括网络硬件和软件、TCP/IP 的工作原理，以及网络应用中常见的概念，如域名、IP 地址、DNS 服务等。

2．能够熟练掌握浏览器、电子邮件的使用方法。

考试方式

1．采用无纸化考试，上机操作。考试时间为 90 分钟，满分为 100 分。

2．软件环境：Windows 7 操作系统，WPS Office 2012 办公软件。

3．在指定时间内，完成下列各项操作。

（1）选择题（计算机基础知识和网络的基本知识）。（20 分）

（2）Windows 操作系统的使用。（10 分）

（3）WPS 文字的操作。（25 分）

（4）WPS 表格的操作。（20 分）

（5）WPS 演示软件的操作。（15 分）

（6）浏览器（IE）的简单使用和电子邮件的收发操作。（10 分）

全国计算机等级考试一级模拟试题

一级 WPS Office 模拟试题（一）

一、选择题（每小题 1 分，共 20 分）

下列各题 A、B、C、D 四个选项中，只有一个选项是正确的。请将正确选项涂写在答题卡相应位置上，答在试卷上不得分。

1．下列叙述中，正确的是（　　）。
　　A．CPU 能直接读取硬盘上的数据
　　B．CPU 能直接存取内存储器
　　C．CPU 由存储器、运算器和控制器组成
　　D．CPU 主要用来存储程序和数据

2．1946 年，首台电子数字计算机 ENIAC 问世，冯·诺依曼在研制 EDVAC 计算机时，提出两个重要的改进，它们分别是（　　）。
　　A．引入 CPU 和内存储器的概念
　　B．采用机器语言和十六进制
　　C．采用二进制和存储程序控制的概念
　　D．采用 ASCII 编码系统

3．汇编语言是一种（　　）。
　　A．依赖于计算机的低级程序设计语言
　　B．计算机能直接执行的程序设计语言
　　C．独立于计算机的高级程序设计语言
　　D．面向问题的程序设计语言

4．假设某台式计算机的内存储器容量为 128MB，硬盘容量为 10GB。硬盘的容量是内存容量的（　　）。
　　A．40 倍　　　　　B．60 倍　　　　　C．80 倍　　　　　D．100 倍

5．计算机的硬件主要包括中央处理器、存储器、输出设备和（　　）。
　　A．键盘　　　　　B．鼠标　　　　　C．输入设备　　　　D．显示器

6．20GB 的硬盘表示容量约为（　　）。
　　A．20 亿字节　　　　　　　　　　B．20 亿个二进制位
　　C．200 亿字节　　　　　　　　　　D．200 亿个二进制位

7．在一个非零无符号二进制整数之后添加一个 0，则此数的值为原数的（　　）。
　　A．4 倍　　　　　B．2 倍　　　　　C．1/2 倍　　　　　D．1/4 倍

8．Pentium（奔腾）微型计算机的字长是（　　）。
　　A．8 位　　　　　B．16 位　　　　　C．32 位　　　　　D．64 位

9. 下列关于 ASCII 编码的叙述中，正确的是（　　）。

    A. 一个字符的标准 ASCII 码占 1 字节，其最高二进制位为 1

    B. 所有大写英文字母的 ASCII 码值都小于小写英文字母"a"的 ASCII 码值

    C. 所有大写英文字母的 ASCII 码值都大于小写英文字母"a"的 ASCII 码值

    D. 标准 ASCII 码表有 256 个不同的字符编码

10. 在 CD 光盘上标记有"CD-RW"字样，"RW"标记表明该光盘是（　　）。

    A. 可以反复读出的一次性写入光盘

    B. 可多次擦除型光盘

    C. 不能写入的只读光盘

    D. 其驱动器单倍速为 1350KB/s 的高密度可读/写光盘

11. 一个字长为 5 位的无符号二进制数能表示的十进制数值范围是（　　）。

    A. 1～32　　　　　　B. 0～31　　　　　　C. 1～31　　　　　　D. 0～32

12. 计算机病毒是指能够侵入计算机系统并在计算机系统中潜伏、传播，破坏系统正常工作的一种具有繁殖能力的（　　）。

    A. 流行性感冒病毒　　　　　　　　B. 特殊小程序

    C. 特殊微生物　　　　　　　　　　D. 源程序

13. 在计算机中，每个存储单元都有一个连续的编号，此编号称为（　　）。

    A. 地址　　　　　　　　　　　　　B. 位置号

    C. 门牌号　　　　　　　　　　　　D. 房号

14. 在所列出的：①字处理软件，②Linux，③UNIX，④学籍管理系统，⑤Windows 7 和⑥Office 2010 这 6 个软件中，属于系统软件的有（　　）。

    A. ①②③　　　　　　　　　　　　B. ②③⑤

    C. ①②③⑤　　　　　　　　　　　D. 全部不是

15. 为实现以 ADSL 方式接入 Internet，至少需要在计算机中内置或外置的一个关键硬件设备是（　　）。

    A. 网卡　　　　　　　　　　　　　B. 集线器

    C. 服务器　　　　　　　　　　　　D. 调制解调器（Modem）

16. 在下列字符中，其 ASCII 码值最小的一个是（　　）。

    A. 空格字符　　　　B. 0　　　　　　C. A　　　　　　　　D. a

17. 十进制数 18 转换成二进制数是（　　）。

    A. 010101　　　　　　　　　　　　B. 101000

    C. 010010　　　　　　　　　　　　D. 001010

18. 有一个域名为 bit.edu.cn，根据域名代码的规定，此域名表示（　　）。

    A. 政府机关　　　　　　　　　　　B. 商业组织

    C. 军事部门　　　　　　　　　　　D. 教育机构

19. 用助记符代替操作码、地址符号代替操作数的面向机器的语言是（　　）。

    A. 汇编语言　　　　　　　　　　　B. FORTRAN 语言

    C. 机器语言　　　　　　　　　　　D. 高级语言

20. 在下列设备中，不能作为微型计算机输出设备的是（　　）。

    A. 打印机　　　　　　　　　　　　B. 显示器

    C. 鼠标器　　　　　　　　　　　　D. 绘图仪

二、基本操作题（10 分）

1. 将考生文件夹下 LI\QIAN 文件夹中的文件夹 YANG 复制到考生文件夹下的 WANG 文件夹中。

2. 将考生文件夹下 TIAN 文件夹中的文件 ARJ.EXP 设置成只读属性。

3. 在考生文件夹下 ZHAO 文件夹中建立一个名为 GIRL 的新文件夹。

4. 将考生文件夹下 SHEN\KANG 文件夹中的文件 BIAN.ARJ 移动到考生文件夹下的 HAN 文件夹中，并改名为 QULIU.ARJ。

5. 将考生文件夹下 FANG 文件夹删除。

三、WPS 文字题（共 25 分）

请用 WPS 文字对考生文件夹下的文档 WPS.wps 进行编辑、排版和保存，具体要求如下。

1. 删除文中所有的空段，将文中的"北京礼品"一词替换为"北京礼物"。

2. 将标题"北京礼物 Beijing Gifts"设为"小二号，红色，居中对齐"，将其中的中文"北京礼物"设为"黑体"，英文"Beijing Gifts"设为英文字体"Arial Black"，并仅为英文加圆点着重号。将考生文件夹下的图片 gift.jpg 插入到标题文字的左侧。

3. 设置正文段（"来到北京……规范化、高效化的中国礼物"）为"小四号，蓝色，首行缩进 2 字符，段前间距为 0.5 行，行间距为 1.5 倍。"

4. 将"'北京礼物'连锁店一览表"作为表格标题，并将其居中，设为"小三号，楷体，红色"。将表格标题下面的以制表符分隔的文本（"编号……65288866"）转换成一个表格，将该表格的外框线设为"蓝色，双细线，0.5 磅"，内框线设为"蓝色，单细线，0.75 磅"，第一行和第一列分别以"浅绿"色填充。

5. 将表格第 1～4 列的列宽依次设为 15 毫米、45 毫米、95 毫米、20 毫米，所有行高均设固定值为 8 毫米。表格整体居中。将表格的第一行文字设为"加粗，靠下居中对齐"；将第一列编号设为"水平和垂直均居中"，其他单元格内容均为中部左对齐。

四、WPS 表格题（共 20 分）

打开考生文件夹下的 Book.et 文件，按下列要求完成操作，并同名保存结果。

1. 将 A1 单元格中的标题文字"初二年级第一学期期末成绩单"在 A1～L1 区域内合并居中，为合并后的单元格填充"深蓝"色，并将其字体设置为"黑体，茶色，16 磅"。在 A 列和 B 列之间插入一列，在 B3 单元格中输入列标题"序号"，自单元格 B4 向下填充 1、2、3、……直至单元格 B21。

2. 将数据区域 A3～M21 的外边框线及内部框线均设为单细线，第 A～M 列的列宽设为 9 字符、第 3～21 行的行高设为 20 磅。将数据区域 E4～M21 的数字格式设为数值，并保留两位小数；将 B 列中序号的数字格式设为文本。

3. 运用公式或函数分别计算出每个人的总分和平均分，并填入"总分"和"平均分"的列中。将编排计算完成的工作表"成绩单"复制一份副本，并将副本工作表名称更改为"分类汇总"。

4. 在新工作表"分类汇总"中，首先按照"班级"为主关键字升序，"总分"为次要关键字降序对数据区域进行排序，然后通过分类汇总功能求出每个班各科的平均分，其中，分类字段为"班级"，汇总方式为"平均值"，汇总项分别为 7 个学科，并将汇总结果显示在数据下方。

五、WPS 演示题（15 分）

打开考生文件夹下的 WPS 演示文稿 ys.dps，按下列要求完成对文档的修改，并进行保存。

1．在第 1 张幻灯片之前插入一张版式为"标题幻灯片"的新幻灯片，依次输入正标题"北京古迹旅游简介"和副标题"北京市旅游发展委员会"。将最后一张幻灯片版式更改为"空白"，并将其中的文字转换为艺术字，艺术字样式任选，艺术字字体设为"黑体"，字号为"80 磅"。

2．为第 2 张幻灯片应用动画方案为"回旋"，并为其中的"天坛"一词添加超链接，链接到第六张幻灯片。将第 3 张幻灯片的版式设为"标题、内容与文本"，将考生文件夹下的图片 gugong.jpg 插入到左侧的内容框中，并将该图片的动画效果自定义为"进入/百叶窗"。

3．将演示文稿中所有幻灯片的切换方式均设置为"水平百叶窗"，将整个文稿的幻灯片设计模板设置为本地模板"world map"。

六、上网题（共 10 分）

1．接收并阅读由 wangxg66@mail.bjyly.net 发来的 E-mail，并将附件保存到考生文件夹下，文件名为"lunwen.wps"。

2．回复刚刚收到的邮件，回复内容为"你所发送的附件已经收到，谢谢!"（请注意检查收件人的地址）。

一级 WPS Office 模拟试题（二）

一、单选题（每小题 1 分，共 20 分）

1. 下列软件中，属于系统软件的是（　　　）。
   A. 办公自动化软件　　　　　　　　B. Windows XP
   C. 管理信息系统　　　　　　　　　D. 指挥信息系统

2. 已知英文字母 m 的 ASCII 码值为 6DH，那么 ASCII 码值为 71H 的英文字母是（　　　）。
   A. M　　　　　　　B. j　　　　　　　C. p　　　　　　　D. q

3. 控制器的功能是（　　　）。
   A. 指挥、协调计算机各部件的工作　　B. 进行算术运算和逻辑运算
   C. 存储数据和程序　　　　　　　　　D. 控制数据的输入和输出

4. 计算机的技术性能指标主要是指（　　　）。
   A. 计算机所配备的语言、操作系统、外部设备
   B. 硬盘的容量和内存的容量
   C. 显示器的分辨率、打印机的性能等配置
   D. 字长、运算速度、内/外存容量和 CPU 的时钟频率

5. 在下列关于字符大小关系的说法中，正确的是（　　　）。
   A. 空格>a>A　　　　　　　　　　　B. 空格>A>a
   C. a>A>空格　　　　　　　　　　　D. A>a>空格

6. 声音与视频信息在计算机内的表现形式是（　　　）。
   A. 二进制数字　　　　　　　　　　B. 调制
   C. 模拟　　　　　　　　　　　　　D. 模拟或数字

7. 计算机系统软件中最核心的是（　　　）。
   A. 语言处理系统　　　　　　　　　B. 操作系统
   C. 数据库管理系统　　　　　　　　D. 诊断程序

8. 下列关于计算机病毒的说法中，正确的是（　　　）。
   A. 计算机病毒是一种有损计算机操作人员身体健康的生物病毒
   B. 计算机病毒发作后将造成计算机硬件永久性的物理损坏
   C. 计算机病毒是一种通过自我复制进行传染的、破坏计算机程序和数据的小程序
   D. 计算机病毒是一种有逻辑错误的程序

9. 能直接与 CPU 交换信息的存储器是（　　　）。
   A. 硬盘存储器　　　　　　　　　　B. CD-ROM
   C. 内存储器　　　　　　　　　　　D. 软盘存储器

10. 下列叙述中，错误的是（　　　）。
    A. 把数据从内存传输到硬盘的操作称为写盘
    B. WPS Office 2010 属于系统软件
    C. 把高级语言源程序转换为等价的机器语言目标程序的过程称为编译
    D. 计算机内部对数据的传输、存储和处理都使用二进制

11. 以下关于电子邮件的说法，不正确的是（　　　）。

A. 电子邮件的英文简称是 E-mail

B. 加入 Internet 的每个用户通过申请都可以得到一个 "电子信箱"

C. 在一台计算机上申请的 "电子信箱"，以后只有通过这台计算机上网才能收到邮件

D. 一个人可以申请多个电子信箱

12. RAM 的特点是（　　）。

A. 海量存储器

B. 存储在其中的信息可以永久保存

C. 一旦断电，存储在其上的信息将全部消失，且无法恢复

D. 只用来存储中间数据

13. Internet 中 P 地址用四组十进制数表示，每组数字的取值范围是（　　）。

A. 0～127　　　　 B. 0～128　　　　 C. 0～255　　　　 D. 0～256

14. Internet 最初创建时的应用领域是（　　）。

A. 经济　　　　 B. 军事　　　　 C. 教育　　　　 D. 外交

15. 某 800 万像素的数码相机，拍摄照片的最高分辨率大约是（　　）。

A. 3200×2400　　　　　　　　 B. 2048×1600

C. 1600×1200　　　　　　　　 D. 1024×768

16. 微型计算机硬件系统中最核心的部件是（　　）。

A. 内存储器　　　　　　　　 B. 输入和输出设备

C. CPU　　　　　　　　　　 D. 硬盘

17. 1KB 的准确数值是（　　）。

A. 1024Bytes　　　　　　　　 B. 1000Bytes

C. 1024bits　　　　　　　　　 D. 1000bits

18. DVD-ROM 属于（　　）。

A. 大容量可读/写外存储器　　　 B. 大容量只读外部存储器

C. CPU 可直接存取的存储器　　 D. 只读内存储器

19. 移动硬盘或 U 盘连接计算机所使用的接口通常是（　　）。

A. RS-232C 接口　　　　　　 B. 并行接口

C. USB　　　　　　　　　　 D. UBS

20. 下列设备组中，完全属于输入设备的一组是（　　）。

A. CD-ROM 驱动器、键盘、显示器

B. 绘图仪、键盘、鼠标器

C. 键盘、鼠标器、扫描仪

D. 打印机、硬盘、条码阅读器

二、基本操作题（共 10 分）

1. 将考生文件夹下 MICRO 文件夹中的文件 SAK.PAS 删除。

2. 在考生文件夹下 POP\PUT 文件夹中建立一个名为 HUM 的新文件夹。

3. 将考生文件夹下 COON\FEW 文件夹中的文件 RAD.FOR 复制到考生文件夹下 ZUM 文件夹中。

4. 将考生文件夹下 UEM 文件夹中的文件 MACRO.NEW 设置成隐藏和只读属性。

5. 将考生文件夹下 MEP 文件夹中的文件 PGUP.FIP 移动到考生文件夹下 QEEN 文件夹中，

并改名为 NEPA.JEP。

三、WPS 文字题（共 25 分）

请用 WPS 文字对考生文件夹下的文档 WPS.wps 进行编辑、排版和保存，具体要求如下。

1．将文中所有"统计技术资格"一词替换为"统计专业技术资格"；纸张设为"大 16 开"，上、 下、左、右页边距均为"20"毫米。

2．将正标题文字"关于 2013 年度全国统计技术资格考试工作安排的通知"设为"红色，黑体，小二号，居中"；将副标题文字"国家统计局人事司 2013-03-18 13：52：39"设为"四号，居中"。

3．将除"二、考试时间和考试科目"下面的内容（考试级别……上午 9：00—12：00）外的所有正文段设置为"小四号，首行缩进 2 字符，段前间距为 0.5 行。"

4．将"二、考试时间和考试科目"下面的以制表符分隔的文本（考试级别……上午 9：00—12：00）转换成一个表格，套用表格样式为"主题样式 1-强调 3"，将表格三个列的列宽均设为"50"毫米，表格整体"居中"。

5．将表格中所有文字设为"小五号"，第一行文字设为加粗，水平居中；分别将第一列的第二、第三单元格和第四、第五单元格合并，合并后的两个单元格文字均设为"中部左对齐"。

四、WPS 表格题（20 分）

打开考生文件夹下的 Bookl.et 文件，按下列要求完成操作，并同名保存结果。

1．将 A1 单元格中的文字"近十年国家财政各项税收情况统计"在 A1:K1 区域内合并居中，为合并后的单元格填充"蓝紫"色，并将其中字体设为"黑体，浅黄色，20 磅"。将数据列表按年度由低到高（2002 年、2003 年、2004 年……）排序，注意平均值和合计值不能参加排序。

2．为排序后的数据区域 A4:K18 应用表格样式为"浅色样式 1-强调 4"。将数据区域 B5:J18 的数字格式设为"数值，保留两位小数，使用千位分隔符"；将增长率所在区域 K5:K14 的数字格式设为"百分比，保留两位小数"。

3．分别运用公式和函数进行下列计算。

①计算每年各项税收总额的合计值，并将结果填入 I5:I14 区域的相应单元格中；

②计算各个税种的历年平均值和合计值，并将结果填入 B17:I18 区域的相应单元格中；

③运用公式"比上年增长值=本年度税收总额-上年度税收总额"，分别计算 2003—2011 年的税收总额逐年增长值，填入 J 列相应单元格中；

④运用公式"比上年增长率=比上年增长值/上年度税收总额"，分别计算 2003—2011 年的税收总额逐年增长率，填入 K 列相应单元格中。

4．基于数据区域 A4:H14 创建一个"堆积柱形图"，以年度为分类 X 轴，图表标题为"近十年各项税收比较"，移动并适当调整图表大小将其放置在 A20:K48 区域内。

五、WPS 演示题（共 15 分）

打开考生文件夹下的 WPS 演示文稿 ys. dps，按下列要求完成对文档的修改，并进行保存。

1．将第 1 张和第 2 张幻灯片位置互换。在最后插入一张版式为"空白"的幻灯片中插入艺术字，艺术字样式任选，艺术字内容为"欢迎新同事!"，字体为"隶书"，字号为 96 磅。

2．将第 3 张幻灯片的版式设为"标题、文本与内容"，将考生文件夹下的图片 pic.png 插入右侧的内容框中，并将该图片的动画效果自定义为"进入/飞入"。将第 4 张幻灯片的标题改为"员工须知"，将其版式更改为"标题和两栏文本"，并将"工资制度"（不含）以后的文本内容移动到右侧的文本框中，最后为该幻灯片应用动画方案为"依次渐变"。

3．将演示文稿中所有幻灯片的切换方式均设为"向左插入"；将整个文稿的幻灯片设计模板设置为本地模板"interpersonal relation"。

六、上网题（共 10 分）

1．接收并阅读由 zhaorr_81@mail.163bj.com 发来的 E-mail，并按 E-mail 中的指令完成操作。

2．用 IE 浏览器打开 HTTP://LOCALHOST/myweb/index.htm，浏览有关"海王星"的内容，以文本文件的格式将它保存到考生文件夹下，并命名为"HWX"。

一级 WPS Office 模拟试题（三）

一、单选题（每小题 1 分，共 20 分）

1. 计算机指令主要存放在（　　）。
   A. CPU
   B. 内存
   C. 硬盘
   D. 键盘

2. 在微型计算机的硬件设备中，有一种设备在程序设计中既可以作为输出设备，又可以作为输入设备，这种设备是（　　）。
   A. 绘图仪
   B. 扫描仪
   C. 手写笔
   D. 磁盘驱动器

3. ROM 中的信息是（　　）。
   A. 由生产厂家预先写入的
   B. 在安装系统时写入的
   C. 根据用户需求的不同，由用户随时写入的
   D. 由程序临时存入的

4. "32 位微型计算机"中的 32，是指下列技术指标中的（　　）。
   A. CPU 功耗
   B. CPU 字长
   C. CPU 主频
   D. CPU 型号

5. 计算机网络的目标是实现（　　）。
   A. 数据处理
   B. 文献检索
   C. 资源共享和信息传输
   D. 信息传输

6. 显示器的主要技术指标之一是（　　）。
   A. 分辨率
   B. 亮度
   C. 彩色
   D. 对比度

7. 计算机操作系统的主要功能是（　　）。
   A. 管理计算机系统的软/硬件资源，以充分发挥计算机资源的效率，并为其他软件提供良好的运行环境
   B. 把高级程序设计语言和汇编语言编写的程序翻译到计算机硬件中，可以直接执行的目标程序，为用户提供良好的软件开发环境
   C. 对各类计算机文件进行有效的管理，并提交计算机硬件的高效处理
   D. 为用户更好地操作和使用计算机提供方便

8. 用来控制、指挥和协调计算机各部件工作的是（　　）。
   A. 运算器
   B. 鼠标器
   C. 控制器
   D. 存储器

9. 在微型计算机中，I/O 设备是指（　　）。
   A. 控制设备
   B. 输入和输出设备
   C. 输入设备
   D. 输出设备

10. ROM 是指（　　）。

A. 随机存储器　　　　　　　　　B. 只读存储器

C. 外存储器　　　　　　　　　　D. 辅助存储器

11. 硬磁盘在读/写寻址过程中（　　）。

A. 盘片静止，磁头沿圆周方向旋转

B. 盘片旋转，磁头静止

C. 盘片旋转，磁头沿盘片径向运动

D. 盘片与磁头都静止不动

12. 计算机感染病毒的可能途径之一是（　　）。

A. 从键盘上输入数据

B. 随意运行外来的、未经杀病毒软件严格审查的 U 盘上的软件

C. 所使用的光盘表面不清洁

D. 电源不稳定

13. "计算机集成制造系统"英文缩写是（　　）。

A. CAD　　　　　B. CAM　　　　　C. CIMS　　　　　D. ERP

14. 音频文件格式有许多，下列（　　）不是数字音频的文件格式。

A. WAV　　　　　B. GIF　　　　　C. MP3　　　　　D. MID

15. CPU 的中文名称是（　　）。

A. 控制器　　　　　　　　　　　B. 不间断电源

C. 算术逻辑部件　　　　　　　　D. 中央处理器

16. 一个字符的标准 ASCII 码码长是（　　）。

A. 8bits　　　　　B. 7bits　　　　　C. 16bits　　　　　D. 6bits

17. 下列叙述中，正确的是（　　）。

A. 内存中存放的只有程序代码

B. 内存中存放的只有数据

C. 内存中存放的既有程序代码又有数据

D. 外存中存放的是当前正在执行的程序代码和所需的数据

18. 下列关于指令系统的描述，正确的是（　　）。

A. 指令由操作码和控制码两部分组成

B. 指令的地址码部分可能是操作数，也可能是操作数的内存单元地址

C. 指令的地址码部分是不可缺少的

D. 指令的操作码部分描述了完成指令所需要的操作数类型

19. 下列叙述中，错误的是（　　）。

A. 硬磁盘可以与 CPU 之间直接交换数据

B. 硬磁盘在主机箱内，可以存放大量文件

C. 硬磁盘是外存储器之一

D. 硬磁盘的技术指标之一是每分钟的转速 rpm

20. 电子计算机最早的应用领域是（　　）。

A. 数据处理　　　　　　　　　　B. 数值计算

C. 工业控制　　　　　　　　　　D. 文字处理

二、基本操作题（共 10 分）

1．将考生文件夹下 TIUIN 文件夹中的文件 ZHUCE.BAS 删除。

2．将考生文件夹下 VOTUNA 文件夹中的文件 BOYABLE.DOC 复制到同一文件夹下，并命名为 SYAD.DOC。

3．在考生文件夹下 SHEART 文件夹中新建一个文件夹 RESTICK。

4．将考生文件夹下 BENA 文件夹中的文件 PRODUCT.WRI 的隐藏和只读属性撤销，并设置为存档属性。

5．将考生文件夹下 HWAST 文件夹中的文件 XIAN.FPT 重命名为 YANG.FPT。

三、WPS 文字题（共 25 分）

请用 WPS 文字对考生文件夹下的文档 WPS.wps 进行编辑、排版和保存，具体要求如下。

1．将纸张大小设为"16 开"，上边距为"50"毫米，下、左、右边距均为"20"毫米。插入两行页眉，第 1 行内容为"中国人事科学研究院"，设为"红色、华文中宋、小初号、分散对齐"；第 2 行内容为"人科函[2013]55 号"，设为"四号，右对齐"。页眉下插入"页眉横线"。

2．将标题文字"关于'政府人才管理职能研究课题成果评审交流会'的邀请函"设为"深蓝色，黑体，小二号，居中对齐"；从"课题成果"之后另起一段，将标题分为两段显示。将所有正文段"为进一步推动人力资源……网址 http://www.rky.org.cn/"设为"小四号，段前间距为 0.5 行，行间距为 1.5 倍。"

3．设置正文第 1 段"为进一步推动人力资源……现将会议有关事项通知如下："的首行缩进 2 字符。为正文第 2 段至第 7 段"会议主题及内容……网址：http://www.rky.org.cn/"添加菱形◆的项目符号，且文本之前缩进 2 字符；将落款"中国人事科学研究院"和日期行右对齐。

4．将表格中所有文字设为"小五号"，第一列文字文本之前缩进"1 字符"；将第 4 行单元格合并、文字加粗且水平居中；将右下角单元格中的文字"单位盖章"水平、垂直均居中。

5．将倒数第 3 行（空行）删除，并将该表格的外框线设为"深蓝色，双细线，0.5 磅"，内框线设为"蓝色，单细线，0.75 磅"；第 4 行以"浅绿"色填充。将表格整体居中显示。

四、WPS 表格题（共 20 分）

打开考生文件夹下的 Book.et 文件，按下列要求完成操作，并同名保存结果。

1．将 A1 单元格中的文字"世纪联想公司 2012 年度销售情况表"在 A1:H1 区域内合并居中，设为"华文中宋，22 磅"，并为合并后的单元格填充"浅绿"色。在单元格区域 B4:E4 中填充季度序列"第 1 季度、第 2 季度、第 3 季度、第 4 季度"。

2．将数据区域 B5:F10 的数字格式设为"会计专用，保留两位小数，不使用货币符号"；将"年销售额占比"所在列 G5:G10 的数字格式设为"百分比，保留两位小数"。数据区域 A4:H10 指定预置框线类型为"上框线和双下框线"。

3．分别运用公式和函数进行下列计算。

①运用求和函数计算各地区的全年销售额，将结果填入 F 列的相应单元格中。

②运用公式或函数计算各地区的季度销售额，将结果填入单元格区域 B10:F10，其中单元格 F10 中的显示为该公司的全年销售额。

③运用公式"年销售额占比=某地区的全年销售额+公司的全年销售额"，计算每个地区销售额在公司全年销售额中所占的比重，将结果填入 G 列相应单元格中。公式中要求绝对引用 F10 单元格中的全年销售额。

④运用函数 Rank 统计出各地区全年销售额从高到低的排名情况，将结果填入 H 列的相应单元格中。

4．基于数据区域中的 A 列和 G 列（不包含合计行），创建一个"分离型饼图"，图表标题为"各地区销售额所占比例"，移动并适当调整图表大小将其放置在 A12:H28 区域内。

五、WPS 演示题（共 15 分）

打开考生文件夹下的 WPS 演示文稿 ys.dps，按下列要求完成对文档的修改，并进行保存。

1．为第 1 张幻灯片应用动画方案为"渐变式擦除"。将考生文件夹下的图片 pic1.jpg 插入到第 2 张标题幻灯片的右下角，并将该图片的动画效果自定义为"强调/陀螺旋"，最后将第 1、第 2 张幻灯片的位置互换。

2．将第 5 张幻灯片的版式设为"标题和表格"，将其中表格的动画效果自定义为"进入/棋盘"。在第 6 张幻灯片中，为后四段列示的 4 种灭火方式（自"冷却灭火"开始至结束）应用编号①、②、③、④，并向右增加一级缩进量，最后将第七张幻灯片删除。

3．将演示文稿中所有幻灯片的切换方式均设为"盒状展开"；将整个演示文稿的幻灯片设计模板设置为本地模板"training course"。

六、上网题（共 10 分）

请根据题目要求完成下列操作。

1．某模拟网站的主页地址是 HTTP://LOCALHOST/ExamWeb/new2017/index.html，打开此主页，浏览"绍兴名人"页面，查找介绍"张军"的页面内容，将页面中张军的照片保存到考生文件夹下，命名为"ZHANGJUN.jpg"，并将此页面内容以文本文件的格式保存到考生文件夹下，命名为"ZHANGJUN.txt"。

2．①接收并阅读由 wj@mail.cumtb.edu.cn 发来的 E-mail，将随信发来的附件以文件名 wj.txt 保存到考生文件夹下。

②回复该邮件，回复内容为"王军：您好!资料已收到，谢谢。李明"

③将发件人添加到通讯簿中，并在其中的"电子邮箱"栏填写"wj@mail.cumtb.edu.cn"；"姓名"栏填写"王军"，其余栏目默认。

参 考 答 案

一级 WPS Office 模拟试题（一）

一、单选题

1.【答案】B

【解析】CPU 由运算器和控制器组成。CPU 只能直接访问存储在内存中的数据。外存中的数据只有先调入内存后，才能被中央处理器访问和处理。

2.【答案】C

【解析】著名美籍匈牙利数学家冯·诺依曼在研制 EDVAC 计算机时，提出两点重要的改进，即采用二进制和存储程序控制的概念。

3.【答案】A

【解析】与机器语言相比较，汇编语言在编写、修改和阅读程序等方面都有了相当大的改进，但与人们使用的语言还存在一定差距。汇编语言仍然是一种依赖于机器的语言。

4.【答案】C

【解析】1GB=1024MB=2^10MB，128MB=2^7MB，10GB=80×128MB。

5.【答案】C

【解析】计算机的硬件主要包括中央处理器（运算器和控制器）、存储器、输入设备和输出设备，键盘和鼠标是典型的输入设备，显示器是输出设备。

6.【答案】C

【解析】在操作系统中，字节容量的单位换算为 $1KB=2^{10}Byte$；$1MB=2^{10}KB$；$1GB=2^{10}MB$；$1TB=2^{10}GB$ 等，其中，$2^{10}=1024$。硬盘厂商通常以 1000 进位计算，即 1KB=1000Byte，1MB=1000KB，1GB=1000MB，1TB=1000GB。

7.【答案】B

【解析】在非零无符号二进制整数之后添加一个 0，相当于向左移动了一位，也就是扩大了原来数的 2 倍。在一个非零无符号二进制整数之后去掉一个 0，相当于向右移动了一位，也就是变为原数的 1/2。

8.【答案】C

【解析】Pentium 是 32 位微型计算机。

9.【答案】B

【解析】由 ASCII 码值表可知，大写英文字母值在小写英文字母值之前，即所有大写字母 ASCII 码值都小于小写英文字母"a"的 ASCII 码值。

10.【答案】B

【解析】光盘根据性能不同可以分为 3 类：只读型光盘 CD-ROM、一次性写入光盘 CD-R 和可擦除型光盘 CD-RW。

11.【答案】B

【解析】无符号数，即自然数。5 位无符号的二进制数范围是 00000～11111，转换成十进制数值范围就是 0～31。

12.【答案】B

【解析】计算机病毒是一种人为编制的可以制造故障的计算机程序。计算机病毒具有破坏性、传染性、隐藏性和潜伏性等特点。

13.【答案】A

【解析】为了便于存放，每个存储单元必须有唯一的编号（称为"地址"），通过地址可以找到所需的存储单元，取出或存入信息。如同旅馆中每个房间都必须有唯一的房间号一样，只有这样才能找到该房间内的人。

14.【答案】B

【解析】字处理软件、学籍管理系统、Office 2010 都属于应用软件。

15.【答案】D

【解析】ADSL（非对称数字用户线路）是目前用电话接入 Internet 的主流技术，采用这种方式接入需要使用调制解调器。这是 PC 通过电话接入网络的必备设备，具有调制和解调两种功能，并分为外置和内置两种。

16.【答案】A

【解析】由 ASCII 码值表可知，空格字符的 ASCII 码值最小。

17.【答案】C

【解析】十进制数转二进制数可以采用除 2 逆向取余的方法，也可以采用按 2 的幂展开的方法。本题中，用 2 整除 18，可以得到一个商和余数；再用 2 去除商，又会得到一个商和余数。如此进行，直到商为 0 为止。然后把先得到的余数作为二进制数的低位有效位，再将后得到的余数作为二进制数的高位有效位，依次排列起来，即得 010010。

18.【答案】D

【解析】政府机关的域名为.gov，商业组织的域名为.com，军事部门的域名为.mil。

19.【答案】A

【解析】用比较容易识别、记忆的助记符号代替机器语言的二进制代码，这种符号化了的机器语言叫作汇编语言，同样也依赖于具体的机器。

20.【答案】C

【解析】常用的输入设备主要有键盘、鼠标、扫描仪、条形码输入器等。常用的输出设备主要有显示器、打印机、绘图仪等。键盘和鼠标是输入设备，不能作为输出设备。

二、基本操作题（10 分）

【解析】

1．复制文件夹

①打开考生文件夹下 LI\QIAN 文件，选定 YANG 文件夹；

②选择"编辑"→"复制"，或按组合键 Ctrl+C；

③打开考生文件夹下 WANG 文件夹；

④选择"编辑"→"粘贴"，或按组合键 Ctrl+V。

2．设置文件属性

①打开考生文件夹下的 TIAN 文件夹，选定 ARJ.EXP 文件；

②选择"文件"→"属性",或单击鼠标右键弹出快捷菜单,选择"属性"选项,即可打开"属性"对话框;

③在"属性"对话框中勾选"只读"复选框,单击"确定"按钮。

3．新建文件夹

①打开考生文件夹下的 ZHAO 文件夹;

②选择"文件"→"新建"→"文件夹",或单击鼠标右键弹出快捷菜单,选择"新建"→"文件夹",即可生成新的文件夹,此时文件(文件夹)的名字处呈现蓝色可编辑状态,编辑名称为题目指定的名称 GIRL。

4．移动文件和文件命名

①打开考生文件夹下的 SHEN\KANG 文件夹,选定 BIAN.ARJ 文件;

②选择"编辑"→"剪切",或按组合键 Ctrl+X;

③打开考生文件夹下的 HAN 文件夹;

④选择"编辑"→"粘贴",或按组合键 Ctrl+V;

⑤选定移动来的文件夹并按 F2 键,此时文件(文件夹)的名字处呈现蓝色可编辑状态,编辑名称为题目指定的名称 QULIU.ARJ。

5．删除文件夹

①选定考生文件夹下的 FANG 文件夹;

②按 Delete 键,弹出"删除文件"对话框;

③单击"是"按钮,将文件(文件夹)删除到回收站。

三、WPS 文字题(共 25 分)

1．【解题步骤】

步骤 1:在考生文件夹下打开 WPS.wps 文件,按题目要求删除文中所有空段。将鼠标光标置于任意位置,在"开始"功能区中,单击"编辑"组中的"查找替换"下三角按钮,在弹出的下拉列表中选择"替换"选项,弹出"查找和替换"对话框,在"查找内容"文本框中输入 2 个段落标记。在"替换为"文本框中输入 1 个段落标记,先单击"全部替换"按钮,再单击"确定"按钮,最后单击"关闭"按钮。

步骤 2:按题目要求替换文字,将鼠标光标置于任意位置,在"开始"功能区的"编辑"组中,单击"查找替换"按钮,弹出"查找和替换"对话框,单击选择"替换"选项,在"查找内容"文本框中输入"北京礼品",在"替换为"文本框中输入"北京礼物",单击"全部替换"按钮,在弹出的对话框中单击"确定"按钮,最后单击"关闭"按钮。

2．【解题步骤】

步骤 1:按题目要求设置标题格式。首先选中标题段"北京礼物 Beijing Gifts",在"开始"功能区中,单击"字体"组右下角的"字体"按钮,弹出"字体"对话框,在"字体"选项卡中设置字号为"小二,红色",设置中文字体为"黑体",英文字体为"Arial Black",设置完成后单击"确定"按钮。

步骤 2:在"开始"功能区的"段落"组中,单击"居中对齐"按钮。

步骤 3:选中标题文字中的"Beijing Gifts",在"开始"功能区中,单击"字体"组右下角的"字体"按钮,弹出"字体"对话框,在"字体"选项卡中设置着重号为"圆点",单击"确定"按钮。

步骤 4:将光标插入到标题文字左侧,在"插入"功能区中,单击"插图"组中的"图片"按钮,弹出"插入图片"对话框,找到考生文件夹下的图片 gift.jpg,选中图片文件,单击"打开"

按钮。

3.【解题步骤】

步骤1：按题目要求设置正文格式，首先选中正文段（"来到北京……规范化、高效化的中国礼物"），在"开始"功能区中，单击"字体"组右下角的"字体"按钮，弹出"字体"对话框，在"字体"选项卡中设置字体为"小四，蓝色"，单击"确定"按钮。

步骤2：选中正文段（"来到北京……高效化的中国礼物"），在"开始"功能区中，单击"段落"组右下角的"段落"按钮，弹出"段落"对话框，设置特殊格式为"首行缩进"，度量值为"2字符"，设置间距段前为"0.5行"，行距为"1.5倍行距"，单击"确定"按钮。

4.【解题步骤】

步骤1：按题目要求设置表格标题，首先选中标题文字"'北京礼物'连锁店一览表"，在"开始"功能区的"段落"组中，单击"居中对齐"按钮。

步骤2：在"开始"功能区中，单击"字体"组右侧的"字体"按钮，弹出"字体"对话框，在"字体"选项卡中设置字号为"小三，楷体，红色"，单击"确定"按钮。

步骤3：选中表格标题下的文字内容（"编号……65288866"），在"插入"功能区中，单击"表格"组中"表格"下三角按钮，在弹出的下拉列表中选择"文本转换成表格"选项。弹出"文本转换成表格"对话框，单击"确定"按钮。

步骤4：选中表格，单击鼠标右键，在弹出的快捷菜单中选择"边框和底纹"选项，打开"边框和底纹"设置对话框。在"方框"选项卡下设置线型为"蓝色，双细线，0.5磅"，单击预览区域中的外框线，设置线型为"蓝色，单细线，0.75磅"，在预览区中心单击鼠标左键，设置完成后单击"确定"按钮。

步骤5：选中表格第1行，按住Ctrl键，再选中第1列，单击鼠标右键，在弹出的快捷菜单中选择"边框和底纹"选项，打开"边框和底纹"对话框，在"底纹"选项卡的填充栏中选择"浅绿"色，单击"确定"按钮。

5.【解题步骤】

步骤1：选中第一列，单击鼠标右键，在弹出的快捷菜单中选择"表格属性"选项，弹出"表格属性"对话框，在"列"选项下，设置指定宽度为"15毫米"，单击"确定"按钮。重复上述步骤，按题目要求分别设置第2至第4列的宽分别为45毫米、95毫米、20毫米。

步骤2：选中整个表格，单击鼠标右键，在弹出的快捷菜单中选择"表格属性"选项，打开"表格属性"对话框，在"行"选项下，设置行高为"8毫米"。

步骤3：选中表格，在"开始"功能区的"段落"组中，单击"居中对齐"按钮。

步骤4：选中表格第1行文字，在"表格工具"功能区中，单击"对齐方式"组中的"靠下居中对齐"按钮，在"开始"功能区中，单击"字体"组中的"加粗"按钮。

步骤5：选中第1列编号内容，在"表格"工具功能区中，单击"对齐方式"组中的"水平居中"按钮；单击"对齐方式"组中的"垂直居中"按钮。

再选中表格除第1行、第1列以外的内容，在"表格工具"功能区中，单击"对齐方式"组中的"中部左对齐"按钮。

步骤6：单击"保存"按钮。

四、WPS表格题（共20分）

1.【解题步骤】

步骤1：在考生文件夹下打开Book.et文件，按题目要求合并单元格并使内容居中，选中A1:L1

区域单元格，单击"开始"功能区的"对齐方式"组中的"合并居中"按钮。

步骤2：选中合并的单元格，在"开始"功能区的"字体"组中单击"填充"按钮，并在弹出的下拉列表中选择"深蓝"色。

步骤3：选中合并的单元格，单击鼠标右键，在弹出的快捷菜单中选择"设置单元格格式"选项，打开"设置单元格格式"对话框，在"字体"选项卡下设置字体为"黑体，茶色，16磅"，单击"确定"按钮。

步骤4：选中B列，单击鼠标右键，在弹出的快捷菜单中选择"插入"选项。单击B3单元格，输入文字"序号"。在B4单元格中输入数字"1"，将鼠标移动到B4单元格的右下角，此时鼠标会变成小十字形状，按住鼠标左键向下拖动到B21单元格，放开鼠标左键，即可完成对"序号"列的填充。

2.【解题步骤】

步骤1：选中数据区域A3:M21单元格，单击鼠标右键，在"单元格格式"的"设置单元格格式"对话框中，选择"线条样式"→"单细线"，勾选"预览"中的"外边框"和"内部"复选框，最后单击"确定"按钮。

步骤2：选中第A:M列，切换到"开始"功能区，单击"编辑"组中"行和列"的下拉按钮，在弹出的下拉菜单中选择"列宽"选项，弹出"列宽"对话框，将列宽设置为"9字符"，单击"确定"按钮。

步骤3：选中第3～21行，在"开始"功能区的"编辑"组中，单击"行和列"的下拉按钮，在弹出的下拉菜单中选择"行高"选项，弹出"行高"对话框，将行高设置为"20磅"，单击"确定"按钮。

步骤4：选中数据区域E4:M21单元格，单击鼠标右键，在弹出的快捷菜单中选择"设置单元格格式"选项，弹出"单元格格式"对话框，在"数字"选项卡中设置数字格式为"数值"，小数位数为2，单击"确定"按钮。

步骤5：单击选中B4:B21单元格区域，单击鼠标右键，在弹出的快捷菜单中选择"设置单元格格式"选项，弹出"单元格格式"对话框，在"数字"选项卡中设置数字格式为"文本"，单击"确定"按钮。

3.【解题步骤】

步骤1：将鼠标光标置于L4单元格内，在单元格中输入公式"=SUM (E4:K4)"并按回车键，将鼠标移动到L4单元格的右下角，此时鼠标会变成十字形状，按任鼠标左键向下拖动到L21单元格，放开鼠标键。

步骤2：将鼠标光标置于M4单元格，在单元格中输入公式"=AVERAGE (E4:L4)"并按回车键，将鼠标移动到M4单元格的右下角，此时鼠标会变成十字形状，按住鼠标左键向下拖动到M21单元格，放开鼠标左键。

步骤3：选中工作表名称"成绩单"，单击鼠标右键，在弹出的快捷菜单中选择"移动或复制工作表"选项，弹出"移动或复制工作表"对话框，勾选"建立副本"复选框，单击"确定"按钮。选中新创建的工作表"成绩单（2）"，单击鼠标右键，在弹出的快捷菜单中选择"重命名"选项，输入"分类汇总"，单击表格空白处。

4.【解题步骤】

步骤1：选中数据区域A3:M21单元格，在"开始"功能区中，单击"编辑"组中"排序"的三角按钮，在"自定义排序"的"排序"对话框中，将"主要关键字"设置为"班级"，次序设置为"升序"；"次要关键字设置为"总分"，次序设置为"降序"，单击"确定"按钮。

步骤 2：单击表格中任意带数据的单元格，切换到"数据"功能区中，单击"分级显示"组中"分类汇总"的"分类汇总"按钮，弹出"分类汇总"对话框，设置分类字段为"班级"，汇总方式为"平均值"，分别勾选汇总项中 7 个学科的复选框，勾选"汇总结果总是显示在数据下方"复选框，单击"确定"按钮。

步骤 3：单击"保存"按钮。

五、WPS 演示题（15 分）

1．【解题步骤】

步骤 1：在考生文件夹下打开 ys.dps 文件，按题目要求插入指定版式的幻灯片，光标插入预览区第 1 张幻灯片前，单击鼠标右键，在弹出的快捷菜单中选择"新幻灯片"选项。选中新建的幻灯片，单击鼠标右键，在弹出的快捷菜单中选择"幻灯片版式"选项，在页面右边的"幻灯片版式"中选择"标题幻灯片版式"选项。在正标题区域输入文字"北京古迹旅游简介"，在副标题区域输入文字"北京市旅游发展委员会"。

步骤 2：选中最后一张幻灯片，单击鼠标右键，在弹出的快捷菜单中选择"幻灯片版式"选项，在页面右边显示幻灯片版式预览区，在"内容版式"预览区单击选择"空白"版式。

步骤 3：选中最后一张幻灯片中的文字内容，在"插入"功能区中，单击"文本"组中的"艺术字"按钮，弹出"艺术字库"对话框，任选一种艺术字样式，单击"确定"按钮，弹出"编辑艺术字文字"对话框，设置字体为"黑体，80 磅"，再单击"确定"按钮。

2．【解题步骤】

步骤 1：选中第 2 张幻灯片，在"动画"功能区中，单击"动画"组中的"动画方案"按钮，在页面右边"幻灯片设计-动画方案"的"温和型"组中选中"回旋"选项。

步骤 2：选中第 2 张幻灯片中的"天坛"一词，单击鼠标右键，在弹出的下拉列表中选择"超级链接"选项，弹出"插入超链接"对话框，在"文档中的位置"中选中第 6 张幻灯片，单击"确定"按钮。

步骤 3：选中第 3 张幻灯片，单击鼠标右键，在弹出的快捷菜单中选择"幻灯片版式"选项，在页面右边显示幻灯片版式预览区，在"内容版式"预览区单击选择"标题、内容和文本"选项。单击左侧内容框中的"插图片"按钮，打开"插入图片"对话框，查找考生文件夹下的 gugong.jpg 图片并选中，单击"打开"按钮。选中插入的图片，在"动画"功能区中，单击"动画"组中的"自定义动画"按钮，在页面右侧的"自定义动画"窗口中，单击"添加效果"按钮，在弹出的下拉列表中选择"进入/百叶窗"选项。

3．【解题步骤】

步骤 1：按要求设置幻灯片切换效果，选中全部幻灯片，单击"切换"组右下角的"其他"按钮，在弹出的下拉列表中选择"条纹和横纹"的"水平百叶窗"选项。

步骤 2：在"设计"选项卡的"设计模板"功能组下的模板预览区中，选择"world map"模板选项。

步骤 3：单击"保存"按钮。

六、上网题（共 10 分）

【解题步骤】

①选择"启动上网题"→"上网题"→"启动 Outlook"，打开 Outlook。

②单击"发送/接收所有文件夹"按钮，接收完邮件之后，在"收件箱"右侧的邮件列表窗格

中会有一封邮件，单击此邮件，将在下方显示该邮件的详细信息。

③单击附件名称或之后的按钮，打开"另存为"对话框，找到考生文件夹，单击"保存"按钮。

④单击功能区中的"答复"按钮，弹出邮件答复窗口，在内容区输入内容"你所发送的附件已经收到，谢谢!"，确认收件方邮箱地址无误后，单击"发送"按钮，完成邮件发送。

一级 WPS Office 模拟试题（二）

一、选择题

1.【答案】B

【解析】软件系统主要包括系统软件和应用软件。办公自动化软件、管理信息系统、指挥信息系统都属于应用软件，Windows XP 属于系统软件。

2.【答案】D

【解析】6DH 为十六进制（在进制运算中，B 表示二进制数，D 表示十进制数；O 表示八进制数，H 表示十六进制数）。m 的 ASCII 码值为 6DH，用十进制表示为 6×16+13=109（D 在十进制中为 13）。q 的 ASCII 码值在 m 的后面 4 位，即 113，对应转换为十六进制数为 71H。

3.【答案】A

【解析】选项 A 指挥、协调计算机各部件工作是控制器的功能，选项 B 进行算术运算和逻辑运算是运算器的功能。

4.【答案】D

【解析】微型计算机的主要技术性能指标包括字长、时钟主频、运算速度、存储容量、存取周期等。

5.【答案】C

【解析】对照 7 位 ASCII 码表，可以直接看出控制符码值<大写字母码值<小写字母码值。因此 a>A>空格。

6.【答案】A

【解析】在计算机内部，指令和数据都是用二进制和 1 来表示的，因此，计算机系统中信息存储、处理也都是以二进制为基础的。声音与视频信息在计算机系统中只是数据的一种表现形式，因此也是以二进制来表示的。

7.【答案】B

【解析】系统软件主要包括操作系统、语言处理系统、系统性能检测和实用工具软件等，其中最核心的是操作系统。

8.【答案】C

【解析】计算机病毒是指编制或在计算机程序中插入的破坏计算机功能，影响计算机使用，并且能够自我复制的一组计算机指令或程序代码。选项 A 计算机病毒不是生物病毒，选项 B 计算机病毒不能永久性破坏硬件。

9.【答案】C

【解析】CPU 只能直接访问存储在内存中的数据。

10.【答案】B

【解析】WPS Office 2010 属于应用软件。

11.【答案】C

【解析】在一台计算机上申请的电子信箱，不必一定要通过这台计算机收信，通过其他的计算机也可以。

12.【答案】C

【解析】RAM 有两个特点：一个是可读写性；另一个是易失性，即断开电源时，RAM 中的内容立即消失。

13.【答案】C

【解析】为了便于管理、方便书写和记忆，将每个 IP 地址分为 4 段，段与段之间用小数点隔开，每段再用一个十进制整数表示，每个十进制整数的取值范围是 0~255。

14.【答案】B

【解析】 Internet 可以说是美苏冷战的产物。美国国防部为了保证美国本土防卫力量特设计出一种分散的指挥系统：它由一个个分散的指挥点组成，当部分指挥点被摧毁后，其他点仍能正常工作。为了对这个构思进行验证，1969 年美国国防部国防高级研究计划署资助建立了一个名为 ARPANET 的网络，通过专门的通信交换机（IMP）和专门的通信线路相互连接。阿帕网就是 Internet 最早的雏形。

15.【答案】A

【解析】数码相机像素=能拍摄最大照片的长边像素×宽边像素值。在四个选项中，拍摄出来的照片分辨率计算后只有 A 选项大约在 800 万像素左右，可直接排除 B、C、D 选项。

16.【答案】C

【解析】CPU 是计算机的核心部件。

17.【答案】A

【解析】$1KB=2^{10}Bytes=1024Bytes$。

18.【答案】B

【解析】DVD 是外接设备，ROM 是只读存储，故合起来就是只读外部存储器。

19.【答案】C

【解析】移动硬盘或 U 盘连接计算机所使用的接口通常是 USB。

20.【答案】C

【解析】显示器、绘图仪、打印机都属于输出设备。

二、基本操作题（共 10 分）

【解析】

1．删除文件

①打开考生文件夹下的 MICRO 文件夹，选定 SAK.PAS 文件；

②按 Delete 键，弹出"删除文件"对话框；

③单击"是"按钮，将文件（文件夹）删除到回收站。

2．新建文件夹

①打开考生文件夹下的 POP\PUT 文件夹；

②选择"文件"→"新建"→"文件夹"，或者单击鼠标右键，弹出快捷菜单，选择"新建"→"文件夹"，即可生成新的文件夹，此时文件（文件夹）的名字处呈现蓝色可编辑状态，编辑名称为题目指定的名称 HUM。

3．复制文件

①打开考生文件夹下 COON\FEW 文件夹，选定 RAD.FOR 文件；

②选择"编辑"→"复制"，或者按组合键 Ctrl+C；

③打开考生文件夹下 ZUM 文件夹；

④选择"编辑"→"粘贴"，或者按组合键 Ctrl+V。

4．设置文件属性

①打开考生文件夹下 UME 文件夹，选定 MACRO.NEW 文件；

②选择"文件"→"属性"，或者单击鼠标右键弹出快捷菜单，选择"属性"选项，即可打开"属性"对话框；

③在"属性"对话框中勾选"隐藏"和"只读"复选框，单击"确定"按钮。

5．移动文件和文件命名

①打开考生文件夹下 MEP 文件夹，选定 PGUP.FIP 文件；

②选择"编辑"→"剪切"，或者按组合键 Ctrl+X；

③打开考生文件夹下 QEEN 文件夹；

④选择"编辑"→"粘贴"，或者按组合键 Ctrl+V；

⑤选定移动来的文件并按 F2 键，此时文件（文件夹）的名字处呈现蓝色可编辑状态，编辑名称为题目指定的名称 NEPA.JEP。

三、WPS 文字题（共 25 分）

1．【解题步骤】

步骤 1：按题目要求替换文字。将鼠标光标放在文本任意位置，在"开始"功能区中，单击"编辑"组中的"替换"按钮，弹出"查找和替换"对话框，在"查找内容"文本框中输入"统计技术资格"，在"替换为"文本框中输入"统计专业技术资格"，单击"全部替换"按钮，弹出"WPS 文字"对话框，单击"确定"按钮，再单击"关闭"按钮。

步骤 2：在"页面布局"功能区中，单击"页面设置"组中的"纸张大小"按钮，弹出"页面设置"对话框，在"纸张"选项卡中设置纸张大小为"大 16 开"；切换到"页边距"选项卡，设置上、下、左、右的页边距均为"20"毫米。

2．【解题步骤】

步骤 1：选中标题段"关于 2013 年度全国统计技术资格考试工作安排的通知"，在"开始"功能区中，单击"字体"组右侧的"字体"按钮，弹出"字体"对话框，在"中文字体"中设置字本为"黑体"，字号设置为"小二号"，字体颜色设置为"红色"，单击"确定"按钮。

步骤 2：选中标题段"关于 2013 年度全国统计技术资格考试工作安排的通知"，在"开始"功能区中，选择"段落"组中的"居中对齐"选项。

步骤 3：选中副标题文字"国家统计局人事司 2013-03-18 13：52：39"，在"开始"功能区的"字体"组中，设置字号为"四号"。在"段落"组中，选择"居中对齐"选项。

3．【解题步骤】

步骤 1：按题目要求设置字体。选中正文"根据人力资源……二、考试时间和考试科目"，按住 Ctrl 键，再选中正文三、'考试大纲'……查询考试成绩及合格标准"。在"开始"功能区中的"字体"组中设置字体为"小四"。

步骤 2：单击"段落"组右侧的"段落"按钮，弹出"段落"对话框。在"缩进"组中将特殊格式设置为"首行缩进"，度量值设置为"2 字符"；在"间距"组中将段前设置为"0.5 行"，单击"确定"按钮。

4.【解题步骤】

步骤1：选中内容"考试级别……上午9：00—12：00"，在"插入"功能区中，单击"表格"组中的"表格"按钮，在弹出的下拉列表中选择"文本转换成表格"选项，弹出"文本转换成表格"对话框，单击"确定"按钮。

步骤2：选中整个表格，在"表格样式"功能区的"表格样式"组中选择"主题样式1-强调3"选项。

步骤3：选中表格，单击鼠标右键，在弹出的下拉列表中选择"表格属性"选项，弹出"表格属性"对话框，在"列"选项下，设置列宽为"50"毫米。

步骤4：选中表格，在"开始"功能区中，选择"段落"组中的"居中对齐"选项。

5.【解题步骤】

步骤1：选中表格中所有文字，在"开始"功能区中的"字体"组中，设置字号为"小五"。

步骤2：选中表格第一行文字，在"开始"功能区中，选择"字体"组中的"加粗"选项。在"表格工具"功能区中，选择"对齐方式"中的"水平居中"选项。

步骤3：选中第1列的第2、第3单元格，在"表格工具"功能区中，选择"合并"组中的"合并单元格命令"选项。同理，将第1列的第4、第5单元格进行合并。选中合并后的两个单元格文字，选择"对齐方式"组中的"中部左对齐"选项。

步骤4：保存文档。

四、WPS 表格题（20分）

1.【解题步骤】

步骤1：在考生文件夹下打开 Book.et 文件，按题目要求合并单元格并使内容居中。选中 A1:K1 单元格区域，在"开始"功能区中，在"对齐方式"组的"合并居中"下拉列表中选择"合并居中"选项。在"字体"组的"填充颜色"下拉列表中选择"蓝紫"选项。

步骤2：选中单元格内的文字，在"开始"功能区的"字体"组中，设置字体为"黑体，20磅，浅黄色"。

步骤3：将鼠标光标置于带数据的任意单元格内，在"开始"功能区的"编辑"组中，选择"排序"下拉列表的"自定义排序"选项。弹出"排序"对话框，将主要关键字设置为"年度"，勾选"升序"复选框，单击"确定"按钮。

2.【解题步骤】

步骤1：选中 A4:K18 单元格区域，在"表格样式"功能区中，单击"表格样式"组右侧的三角按钮，在弹出的下拉列表中选择样式为"浅色样式1-强调4"。

步骤2：选中 B5:J18 单元格区域，单击鼠标右键，在下拉列表中选择"设置单元格格式"选项，弹出"单元格格式"对话框。在"数字"选项卡的"分类"中选中"数值"单选项，将"小数位数"设置为"2"，勾选"使用千位分隔符"复选框，单击"确定"按钮。同理设置 K5:K14 单元格区域数字格式为"百分比型，保留2位小数"。

3.【解题步骤】

步骤1：将光标插入 I5 单元格并输入公式"=SUM(B5:H5)"，按回车键，将鼠标移动到 I5 单元格的右下角，此时鼠标会变成十字形状，按住鼠标左键向下拖动填充句柄到 I14 单元格，放开鼠标左键。

步骤2：将光标插入 B17 单元格，并在单元格中输入公式"=AVERAGE (B5:B16)"，按回车键，将鼠标移动到 B17 单元格的右下角，此时鼠标会变成十字形状，按住鼠标左键向右拖动填充句柄到 I17 单元格，放开鼠标左键。

步骤 3：将光标插入 B18 单元格，并在单元格中输入公式"=SUM（B5:B14）"，按回车键，将鼠标移动到 B17 单元格的右下角，此时鼠标会变成十字形状，按住鼠标左键向右拖动填充句柄到 I18 单元格，放开鼠标左键。

步骤 4：将光标插入 J6 单元格，并在单元格中输入公式"=I6-I5"，按回车键，将鼠标移动到 I4 单元格的右下角，此时鼠标会变成十字形状，按住鼠标左键向下拖动填充句柄到 I14 单元格，放开鼠标左键。

步骤 5：将光标插入 K6 单元格，并在单元格中输入公式"=J6/I5"，按回车键，将鼠标移动到 K14 单元格的右下角，此时鼠标会变成十字形状，按住鼠标左键向下拖动填充句柄到 I14 单元格，放开鼠标左键。

4.【解题步骤】

步骤 1：选中 A4:H14 单元格区域，在"插入"功能区中，单击"图表"组中的"图表"按钮，弹出"图表"对话框，在"柱形图"中选择"堆积柱形图"选项。单击"下一步"按钮，再单击"下一步"按钮，弹出"图表选项"对话框，在"图表标题"处输入"近十年各项税收比较"，在"分类（X）轴"中输入"年度"，单击"完成"按钮。

步骤 2：调整图片大小并移动到指定位置。拖动图表的左上角于 A20 单元格内，再调整图表大小在 A20:K48 区域内。注：如果图表过大，无法放下，可以将鼠标放在图表的右下角，当鼠标指针变为双向箭头时，按住左键拖动可以将图表缩小到指定大小。

步骤 3：保存工作表。

五、WPS 演示题（共 15 分）

1.【解题步骤】

步骤 1：在考生文件夹下打开 ys. dps 文件，并在幻灯片预览区中选择第一张幻灯片，按住鼠标左键不动，将其拖动到第二张幻灯片上，松开鼠标左键。

步骤 2：将光标插入预览区的最后一张幻灯片之后，单击鼠标右键，在弹出的下拉列表中选择"新幻灯片"选项。选中第 6 张幻灯片，单击鼠标右键，在弹出的下拉列表中选择"幻灯片版式"选项，在页面右侧的"幻灯片版式"中选择"空白"版式。

步骤 3：在"插入"功能区中，单击"文本"组中的"艺术字"按钮，弹出"艺术字库"对话框，任选一种艺术字样式，单击"确定"按钮。在弹出的"编辑"艺术字对话框中，选择字体为"隶书，96 磅"，在文字框中输入"欢迎新同事!"，单击"确定"按钮。

2.【解题步骤】

步骤 1：在预览区中选中第 3 张幻灯片，在页面右侧的"幻灯片版式"中选择版式为"标题、文本与内容"。

步骤 2：单击第 3 张幻灯片右侧文本编辑区的"插入图片"按钮，弹出"插入图片"对话框，找到考生文件夹下的图片 pic.png 并选中，单击"打开"按钮。

步骤 3：选中插入的图片，在"动画"功能区中，单击"动画"组中的"自定义动画"按钮，并在页面右侧的"自定义动画"窗口中单击"添加效果"按钮，在弹出的下拉列表中选择"进入"和"飞入"选项。

步骤 4：选中第 4 张幻灯片，在主标题中输入"员工须知"。单击鼠标右键，在弹出的下拉列表中选择"幻灯片版式"选项，在页面右侧的"幻灯片版式"中选择版式为"标题和两栏文本"。

选中文本内容"福利制度……其他",单击鼠标右键,在弹出的快捷菜单中选择"剪切"选项,将光标插入右侧文本编辑区,单击鼠标右键,在弹出的快捷菜单中选择"粘贴"选项。

步骤5:选中第4张幻灯片,在"动画"功能区中,单击"动画"组中的"动画方案"按钮,在页面右侧的"幻灯片设计-动画方案"中选择"依次渐变"选项。

3.【解题步骤】

步骤1:选中全部幻灯片,在"动画"功能区中,单击"切换"右侧的三角按钮,在弹出的下拉列表中选中"向左插入"选项。

步骤2:选中全部幻灯片,在"设计"功能区中,单击"设计模板"组右侧的三角按钮,在弹出的下拉列表中选择"向左插入"选项。

步骤3:单击"保存"按钮。

六、上网题(共10分)

1.【解题步骤】

①选择"启动上网题"→"上网题"→"启动 Outlook",打开 Outlook。

②单击"发送/接收所有文件夹"按钮,接收完邮件之后,在"收件箱"右侧的邮件列表窗格中会有一封邮件,单击此邮件,将在下方显示该邮件的详细信息。

③单击附件名称或之后的按钮,打开"另存为"对话框,找到考生文件夹,单击"保存"按钮。

2.【解题步骤】

①选择"启动上网题"→"上网题"→"启动 Internet Explorer",打开浏览器。

②在"地址栏"中输入"HTTP://LOCALHOST/myweb/index htm",按回车键打开页面,并单击"海王星"链接。

③选择"文件"→"另存为",弹出"另存为"对话框,在"文档库"窗格中打开考生文件夹,在"文件名"文本框中输入"HWX",并在"保存类型"中选择"文本文件(.txt)"选项,单击"保存"按钮完成操作。

一级 WPS Office 模拟试题(三)

一、选择题

1.【答案】B

【解析】内存是用来暂时存放处理程序、待处理的数据和运算结果的主要存储器,直接和中央处理器交换信息,由半导体集成电路构成。

2.【答案】D

【解析】绘图仪是输出设备,扫描仪和手写笔是输入设备,磁盘驱动器既能将存储在磁盘上的信息读入内存中,又能将内存中的信息写到磁盘上。

3.【答案】A

【解析】ROM 中的信息一般由计算机制造厂写入并经过固化处理,用户是无法修改的。

4.【答案】B

【解析】字节是指微型计算机的 CPU 能够直接处理二进制数据的位数,32 位微型计算机中的32 主要是指 CPU 字长。

5.【答案】C

【解析】计算机网络由通信子网和资源子网两部分组成。通信子网的功能是负责全网的数据通信；资源子网的功能是提供各种网络资源和网络服务，实现网络的资源共享。

6.【答案】A

【解析】显示器的主要技术指标有扫描方式、刷新频率、点距、分辨率、带宽、亮度和对比度、尺寸。

7.【答案】A

【解析】操作系统是系统软件的重要组成和核心部分，是管理计算机软件和硬件资源、调度用户作业程序，保证计算机各个部分协调、有效工作的软件。

8.【答案】C

【解析】控制器的主要功能是指挥计算机的各个部件进行自动、协调的工作。

9.【答案】B

【解析】输入设备（Input Device）和输出设备（Output Device）是计算机硬件系统的组成部分，因此 I/O 是指输入和输出设备。

10.【答案】B

【解析】计算机的内存储器分为 ROM（只读存储器）和 RAM（随机存取存储器）。

11.【答案】C

【解析】硬盘驱动器大都采用温彻斯特技术制造，其技术特点如下。

①磁头、盘片及运动机构密封。

②磁头对盘片接触式启动/停止，工作呈飞行状态。

③由于磁头工作时与盘片不接触，所有磁头加载较小。

④磁盘片表面平整光滑。硬盘驱动器的磁头在停止工作时与磁盘表面是接触的，该表面靠近主轴不存放任何数据，叫作启停区或着陆区，磁头工作时，盘片高速旋转，由于对磁头运动采取了精巧的空气动力学设计，所以磁头处于离盘面"数据区"0.1～0.3 微米高度的飞行状态，其目的是使磁头和盘片相对位移加大，从而获得极高的数据传输率，以满足计算机的高速度要求。

12.【答案】B

【解析】计算机病毒主要通过移动存储介质（如 U 盘、移动硬盘）和计算机网络两大途径进行传播。

13.【答案】C

【解析】计算机辅助设计为 CAD，计算机辅助制造为 CAM，将 CAD、CAM 和数据库技术集成在一起，形成 CIMS（计算机集成制造系统）技术，可实现设计、制造和管理的自动化。

14.【答案】B

【解析】不同的操作系统中表示文件类型的扩展名也不同，根据文件扩展名及其含义，WAV、MP3、MID 属于音频格式文件，而 GIF 属于图像文件。

15.【答案】D

【解析】控制器是 CU，不间断电源是 UPS，算术逻辑部件是 ALU。

16.【答案】B

【解析】一个 ASCII 码用 7 位表示。

17.【答案】C

【解析】计算机的存储器可分为内部存储器（内存）和外部存储器。内存是用来暂时存放处理程序、待处理的数据和运算结果的主要存储器，直接和中央处理器交换信息，由半导体集成电路构成。

18.【答案】B

【解析】机器指令通常由操作码和地址码两部分组成，A 选项错误。根据地址码涉及的地址数量可知，零地址指令类型只有操作码没有地址码，C 选项错误。操作码指明指令所要完成操作的性质和功能，D 选项错误。地址码用来描述该指令的操作对象，它或直接给出操作数，或者指出操作数的存储器地址，因此答案选择 B。

19.【答案】A

【解析】在一个计算机系统内，除主存储器外，一般还有辅助存储器用于存储暂时用不到的程序和数据。硬磁盘就是常见的辅助存储器之一，其特点为容量大、转速快、存取速度高，但它不可以与 CPU 之间直接交换数据，且断电后，硬磁盘中的数据不会丢失。

20.【答案】B

【解析】计算机问世之初，主要用于数值计算，计算机也因此得名。

二、基本操作题（共 10 分）

【解析】

1．删除文件

①打开考生文件夹下的 TIUIN 文件夹，选定 ZHUCE.BAS 文件；

②按 Delete 键，弹出确认对话框；

③单击"确定"按钮，将文件（文件夹）删除到回收站。

2．复制文件和文件命名

①打开考生文件夹下 VOTUNA 文件夹，选定 BOYABLE.DOC 文件；

②选择"编辑"→"复制"，或者按组合键 Ctrl+C；

③选择"编辑"→"粘贴"，或者按组合键 Ctrl+V；

④选定复制来的文件；

⑤按 F2 键，此时文件（文件夹）的名字处呈现蓝色可编辑状态，编辑名称为题目指定的名称 SYAD.DOC。

3．新建文件夹

①打开考生文件夹下 SHEART 文件夹；

②选择"文件"→"新建"→"文件夹"，或者单击鼠标右键，弹出快捷菜单，选择"新建"→"文件夹"，即可生成新的文件夹。此时文件（文件夹）的名字处呈现蓝色可编辑状态，编辑名称为题目指定的名称 RESTICK。

4．设置文件属性

①打开考生文件夹下 BENA 文件夹，选定 PRODUCT.WRI 文件；

②选择"文件"→"属性"，或者单击鼠标右键弹出快捷菜单，选择"属性"选项，即可打开"属性"对话框；

③在"属性"对话框中去除勾选的"隐藏"和"只读"复选框，单击"确定"按钮，并设置为存档属性。

5．文件命名

①打开考生文件夹下的 HWAST 文件夹，选定 XIAN.FPT 文件；

②按 F2 键，此时文件（文件夹）的名字处呈现蓝色可编辑状态，编辑名称为题目指定的名称 YANG.FPT。

三、WPS 文字题（共 25 分）

1.【解题步骤】

步骤1：按题目要求设置页面格式。在"页面布局"功能区中，单击"页面设置"组中的"纸张大小"按钮，弹出"页面设置"对话框，设置纸张大小为"16开"。切换到"页边距"选项卡，将上边距设置为"50"毫米，下边距、左边距、右边距均设置为"20"毫米。

步骤2：按题目要求设置页眉。在"插入"功能区中，单击"页眉和页脚"组中的"页眉和页脚"按钮，在鼠标光标闪烁处输入文字"中国人事科学研究院"并选中，在"开始"功能区中，单击"字体"组右侧的"字体"按钮，弹出"字体"对话框。设置中文字体为"华文中宋，小初号，红色"，单击"确定"按钮。

步骤3：单击"段落"组右侧的"段落"按钮，弹出"段落"对话框，在"缩进和间距"选项卡下，设置对齐方式为"分散对齐"，单击"确定"按钮。

步骤4：将鼠标插入页眉第1行文字末尾，按下回车键，在第2行输入文字"人科函[2013]55号"并选中，重复步骤2和步骤3的操作，按题目要求设置为"四号，右对齐"。

步骤5：选中页眉区文字部分，在"页面布局"功能区中，单击"页面背景"组中的"页面边框"按钮，弹出"边框和底纹"对话框，在"边框"选项卡中，选择"单细线"选项。在预览区选择"下框线"选项，"应用于"选择"段落"选项，单击"确定"按钮。在"页眉和页脚"功能区中，单击"关闭"组中的"关闭"按钮。

2.【解题步骤】

步骤1：选中标题文字"关于'政府人才管理职能研究课题成果评审交流会'的邀请函"，在"开始"功能区中，单击"字体"组右侧的"字体"按钮，弹出"字体"对话框，设置中文字体为"黑体，小二号，深蓝色"，单击"确定"按钮。

步骤2：在"段落"组中选择"居中对齐"选项。

步骤3：将鼠标置于"课题成果"之后，按回车键。

步骤4：选中所有正文内容"为进一步推动人力资源……网址 http://www.rky.org.cn/"，在"开始"功能区的"字体"组中设置字体为"小四号"。单击"段落"组右侧的"段落"按钮，弹出"段落"对话框，在"间距"组中设置段前为"0.5行"，在"行距"组中设置行距为"多倍行距，1.5"，单击"确定"按钮。

3.【解题步骤】

步骤1：正文第1段"为进一步推动人力资源……现将会议有关事项通知如下："。在"开始"功能区中，单击"段落"右侧的"段落"按钮，弹出"段落"对话框，在"缩进"组中设置特殊格式为"首行缩进"，度量值设置为"2字符"，单击"确定"按钮。

步骤2：选中正文第2～7段"会议主题及内容……网址 http://www.rky.org.cn/"，在"开始"功能区的"段落"组中单击"项目符号"的三角按钮，在弹出的下拉列表中选择"菱形"项目符号。

步骤3：重复步骤1的操作，按照题目要求将文本第2～7段内容设置为首行缩进2字符。

步骤4：选中"中国人事科学研究院"和日期行，在"开始"功能区中，选择"段落"组中的"右对齐"选项。

4.【解题步骤】

步骤1：选中表格中所有文字，在"开始"功能区中，单击"字体"组中"字号"的三角按钮，在弹出的下拉列表中选择"小五"选项。

步骤2：选中表格第1列文字，在"开始"功能区中，单击"段落"右侧的"段落"按钮，弹出"段落"对话框，在"缩进"组中，设置文本之前为"1字符"。

步骤3：选中第4行所有单元格，单击鼠标右键，在弹出的下拉列表中选择"合并单元格"选项。选中第4行文字"与会人员信息"，在"开始"功能区中，单击"字体"组中的"加粗"按钮。

步骤4：选中第4行单元格，在"表格工具"功能区中，选择"对齐方式"组中的"水平居中"选项。单击鼠标右键，在弹出的下拉列表中选择"表格属性"选项，弹出"表格属性"对话框，在"单元格"选项卡下的"垂直对齐方式"中选择"居中"选项。

5.【解题步骤】

步骤1：选中倒数第3行（空行），单击鼠标右键，在弹出的下拉列表中选择"删除单元格"选项，弹出"删除单元格"对话框，勾选"删除整行"复选框，单击"确定"按钮。

步骤2：选中表格，单击鼠标右键，在弹出的下拉列表中选择"边框和底纹"选项，弹出"边框和底纹"设置对话框。选中"方框"单选项，设置线型为"双细线，深蓝色"，宽度为"0.5磅"，再选中"自定义"单选项，设置线型为"单细线，蓝色"，宽度为"0.75磅"，单击"确定"按钮。

步骤3：选中表格第4行，单击鼠标右键，在弹出的下拉列表中选择"边框和底纹"选项，弹出"边框和底纹"设置对话框，切换到"底纹"选项卡，在"填充"中选择颜色为"浅绿"，单击"确定"按钮。

步骤4：选中整个表格，在"开始"功能区中，选择"段落"组的"居中对齐"选项。

步骤5：保存文档。

四、WPS 表格题（共 20 分）

1.【解题步骤】

步骤1：在考生文件夹下打开 Book.et 文件，按题目要求合并单元格并使内容居中。选中 A1:H1 单元格区域，在"开始"功能区中，单击"对齐方式"组的"合并居中"的三角按钮，在弹出的下拉列表中选择"合并居中"选项。

步骤2：在【字体】组中设置字体为"华文中宋，22磅"。

步骤3：单击鼠标右键，在弹出的下拉列表中选择"设置单元格格式"选项，弹出"单元格格式"对话框。切换到"图案"选项卡，在"颜色"中选择"浅绿"，单击"确定"按钮。

步骤4：单击 B4单元格，输入"第1季度"，将鼠标移动到 B4单元格的右侧，此时鼠标会变成十字形状，按住鼠标左键向右拖动填充句柄到 E4单元格，松开鼠标左键。

2.【解题步骤】

步骤1：选中 B5:F10单元格区域，单击鼠标右键，在弹出的下拉列表中，选择"设置单元格格式"选项，弹出"单元格格式"对话框。切换到"数字"选项卡，在"分类"中选择"会计专用"选项，将小数位数设置为"2"，货币符号设置为"无"，单击"确定"按钮。

步骤2：选中 G5:G10单元格区域，重复步骤1的操作，按照题目要求设置单元格格式为"百分比，保留两位小数"。

步骤3：选中表格第4~10行，在"开始"功能区的"编辑"组中，单击"行和列"的三角按钮，在弹出的下拉列表中选择"行高"选项，弹出"行高"对话框。设置行高为"22磅"，单击"确定"按钮。

步骤4：选中 A4:H10单元格区域，单击鼠标右键，在弹出的下拉列表中，选择"设置单元格格式"选项，弹出"单元格格式"对话框。切换到"边框"选项卡，设置线条样式为"上框线和双下框线"，单击"确定"按钮。

3.【解题步骤】

步骤1：单击 F5单元格，输入公式"=SUM(B5:E5)"，并按回车键，将鼠标移动到 F5单元格的右下角，此时鼠标会变成十字形状，按住鼠标左键向下拖动填充句柄到 F9单元格，松开鼠标左键。

步骤2：单击 B10单元格，输入公式"=SUM(B5:B9)"，并按回车键，将鼠标移动到 B10单元格的右下角，此时鼠标会变成十字形状，按住鼠标左键向右拖动填充句柄到 F10单元格，松开鼠标左键。

步骤3：单击 G5单元格，输入公式"=F5/$F$10"，并按回车键，将鼠标移动到 G5单元格的右下角。此时鼠标会变成十字形状，按住鼠标左键向下拖动填充句柄到 G9单元格，松开鼠标左键。

步骤4：单击 H5单元格，输入公式"=RANK(F5,$F$5:F9.0)"，并按回车键，将鼠标移动到 H5单元格的右下角，此时鼠标会变成十字形状，按住鼠标左键向下拖动填充句柄到 H9单元格，松开鼠标左键。

4.【解题步骤】

步骤1：选中 A4:A9单元格区域，按住 Ctrl 键不放，同时选中 G4:G9单元格区域。"插入"功能区中，单击"图表"组中的"图表"按钮，弹出"图表类型"对话框，在"饼图"中选择"分离型饼图"选项，单击"下一步"按钮，弹出"图表选项"对话框，在"图表标题"文本框中输入"各地区销售额所占比例"，单击"完成"按钮。

步骤2：调整图片大小并移动到指定位置。按住鼠标左键选中图表，将其左上角拖动到 A12单元格内，然后调整图标大小将其置于 A12:H28单元格区域内。

注：如果图表过大，无法放下，可以将鼠标放在图表的右下角，当鼠标指针变为双向箭头时，按住左键拖动可以将图表缩小到指定大小。

步骤3：单击"保存"按钮。

五、WPS 演示题（共 15 分）

1.【解题步骤】

步骤1：在考生文件夹下打开 ys.dps 文件，选中预览区的第1张幻灯片，在"动画"功能区中，单击"动画"组中的"动画方案"按钮，在页面右侧的"幻灯片设计-动画方案"中选择"细微型"中的"渐变式擦除"选项。

步骤2：选中预览区第2张幻灯片，在"插入"功能区中，单击"图像"组中的"图片"按钮，弹出"插入图片"对话框，找到并选中考生文件夹下的图片 pic1.jpg，单击"打开"按钮。选中图片按住鼠标左键不放，将图片拖曳到幻灯片右下角。

步骤3：选中插入的图片，在"动画"功能区中，单击"动画"组中的"自定义动画"按钮，单击页面右侧的"添加效果"的三角按钮，在弹出的下拉列表中选择"强调/陀螺旋"选项。

步骤4：选中预览区中的第2张幻灯片，按住鼠标左键不放，拖动幻灯片到第1张幻灯片上，松开鼠标左键。

2.【解题步骤】

步骤1：选中预览区中的第5张幻灯片，单击鼠标右键，在弹出的下拉列表中选择"幻灯片版式"选项，在页面右侧的"幻灯片版式"中选择版式为"标题和表格"。

步骤2：选中幻灯片中的表格，在"动画"功能区中，单击"动画"组的"自定义动画"右侧的"添加效果"的三角按钮，在弹出的下拉列表中选择"进入/棋盘"选项。

步骤3：选中第6张幻灯片后四段列示的4种灭火方式（自"冷却灭火"开始至结束）文字内容，在"开始"功能区中，单击"段落"组中的"编号"下拉按钮，在弹出的下拉列表中选择①、②、③、④样式编号。

步骤4：单击"段落"组中的"增加缩进量"按钮。

步骤5：在预览区选中第7张幻灯片，单击鼠标右键，在弹出的快捷菜单中选择"删除幻灯片"选项。

3.【解题步骤】

步骤1：选中所有幻灯片，在"动画"功能区中，单击"切换"组的"切换效果"按钮，在页面右侧的"幻灯片切换"中选择"盒状展开"选项。

步骤2：选中所有幻灯片，在"设计"功能区中，单击"设计模板"右下角的三角按钮，在弹出的下拉列表中选择模板为"training course"。

步骤3：单击"保存"按钮。

六、上网题（共 10 分）

1.【解题步骤】

①单击"启动 Internet Explorer 仿真"按钮，启动浏览器。

②在"地址栏"中输入网址"HTTP：//LOCALHOST/ExamWeb/new2017/index.html"，并按回车键，选择"绍兴名人"链接，在打开的页面的底部导航栏中单击"绍兴名人"按钮即可显示绍兴名人介绍。

③在页面中单击"张军"选项，找到张军的照片并单击鼠标右键，在弹出的快捷菜单中，选择"图片另存为"选项，弹出"保存图片"对话框，保存位置选择考生文件夹，在"文件名"中输入"ZHANGJUN"，保存类型选择"JPG"，单击"保存"按钮。

④单击浏览器中的"文件"→"另存为"命令，弹出"另存为"对话框，保存位置选择考生文件夹，在文件名文本框中输入"ZHANGJUN"，保存类型选择"文本文件（*.txt）"，单击"保存"按钮。

2.【解题步骤】

①单击"启动 Outlook Express 仿真"按钮，启动"Outlook Express 仿真"，单击"发送/接收所有文件夹"按钮，接收邮件，单击邮件可查看邮件的详细信息。

②单击出现的附件或"附件"按钮，弹出"另存为"对话框，保存位置选择考生文件夹，然后单击"保存"按钮。

③单击"答复"按钮，弹出"WriteEmail"对话框，在邮件内容中输入"王军：您好！资料已收到，谢谢。李明"，单击"发送"按钮。

④单击左下角的"联系人"按钮，在弹出的窗口中单击"新建联系人"按钮，并在弹出的窗口的"姓氏/名字"栏中输入"王军"，在"电子邮件"栏中输入"wj@mail.cumtb.edu.cn"，单击"保存并关闭"按钮。

项目 1 计算机基础知识标准化试题

1. C 2. A 3. D C 4. C 5. C 6. A
7. A A A 8. B 9. B 10. D 11. D C 12. D

13. B	14. B	15. A	16. C	17. B	18. D
19. D	20. C C	21. D	22. A B C	23. A	24. C B D
25. B	26. A	27. B	28. B A B	29. A B C	30. A
31. D A D	32. B	33. A B C	34. B C D	35. D	36. D
37. A	38. D	39. B	40. B	41. C	42. D
43. D	44. D	45. A B	46. B	47. A B	48. B B C
49. C B A	50. A B C	51. D	52. B A	53. B A	54. D C
55. A B	56. C B	57. D	58. A	59. A D	60. A
61. C	62. C	63. A D B	64. B C	65. C B	66. B A
67. A	68. D	69. A C	70. B B	71. D	72. C
73. B A	74. C B	75. A	76. B D	77. B	78. D C
79. A C	80. C	81. D B D	82. B	83. D	84. C D
85. B	86. C D	87. B B	88. C A	89. A D	90. A B A
91. C C	92. B C B	93. A D	94. C D	95. A B	96. B
97. B	98. B D A C B		99. B A	100. C	

项目2 Windows 10操作系统标准化试题

1. D	2. B	3. C	4. D	5. B	6. B
7. B	8. C	9. C	10. A	11. C	12. D
13. A	14. A	15. B	16. B	17. C	18. D
19. D	20. B	21. D	22. A	23. C	24. C
25. D	26. C	27. D	28. B	29. A	30. C
31. D	32. D	33. A	34. C	35. B	36. B
37. D	38. C	39. D	40. B	41. C	42. C
43. A	44. D	45. D	46. B	47. C	48. C
49. B	50. D	51. D	52. D	53. C	54. B
55. C	56. D	57. A			

项目3 WPS文字的运用标准化试题

1. B C A	2. B A	3. C	4. C A	5. C	6. A
7. A	8. A	9. C	10. D	11. D	12. A
13. D C	14. B	15. C	16. A	17. A B	18. D C
19. C C	20. B	21. C C A	22. D	23. D B	24. D B
25. B	26. C	27. A D B	28. D	29. A	30. D
31. A	32. B B	33. C	34. A C B	35. D	36. C
37. B	38. C	39. C	40. C	41. B	42. B C
43. B C D A C		44. C D	45. C D		

项目4 WPS 表格的运用标准化试题

1. B   2. A   3. B   4. D   5. A B C D D C B

6. A B   7. B C A A   8. A B C D   9. B B C   10. A B D D C

11. A B C A D   12. A B C D   13. D C A   14. C

15. D B B   16. A B C D D   17. A   18. A   19. C

20. A   21. D   22. D B B D C D D   23. A   24. A

25. B C C

项目5 WPS 演示的运用标准化试题

1. A C   2. A B   3. C   4. C   5. B D   6. A

7. D   8. C   9. B   10. D   11. B   12. C

13. C B   14. C D   15. B   16. A   17. A B C D D A

18. D   19. D B C D A   20. D B C B B A   21. D

22. A B B C D D   23. A   24. D   25. D   26. C

27. D C C A D   28. D D   29. D   30. C   31. D

32. D   33. B   34. A D

反侵权盗版声明

电子工业出版社依法对本作品享有专有出版权。任何未经权利人书面许可，复制、销售或通过信息网络传播本作品的行为；歪曲、篡改、剽窃本作品的行为，均违反《中华人民共和国著作权法》，其行为人应承担相应的民事责任和行政责任，构成犯罪的，将被依法追究刑事责任。

为了维护市场秩序，保护权利人的合法权益，我社将依法查处和打击侵权盗版的单位和个人。欢迎社会各界人士积极举报侵权盗版行为，本社将奖励举报有功人员，并保证举报人的信息不被泄露。

举报电话：（010）88254396；（010）88258888

传　　真：（010）88254397

E-mail：　dbqq@phei.com.cn

通信地址：北京市万寿路 173 信箱

　　　　　电子工业出版社总编办公室

邮　　编：100036